"十四五"时期国家重点出版物出版专项规划项目

中国能源革命与先进技术丛书

二次绕组反相 SEN Transformer 潮流控制理论与方法

韩松　张靖　著

机械工业出版社

本书针对 SEN Transformer 的电磁解析模型等稳态和暂态模型，剖析了 SEN Transformer 的内部电磁特性、调控特性等，具体内容包括引言、考虑多绕组耦合的 ST 电磁解析模型、基于对偶原理的三相五柱式 SEN Transformer 准稳态模型、基于 UMEC 的双芯 SEN Transformer 电磁暂态模型、EST 的工作原理和有载调压分接头置位算法、适用于统一迭代潮流计算的 EST 稳态模型、含 EST 的电网优化潮流控制策略研究、基于电子式有载分接开关的扩展型 SEN Transformer 开关暂态建模及分析、不同潮流控制模式下 EST 的短路电流分析、基于电子式有载分接开关的扩展型 SEN Transformer 的保护系统研究、双芯扩展型 SEN Transformer 的控制系统设计研究、结论与建议等。

图书在版编目（CIP）数据

二次绕组反相 SEN Transformer 潮流控制理论与方法/韩松，张靖著. —北京：机械工业出版社，2022.9

（中国能源革命与先进技术丛书）

"十四五"时期国家重点出版物出版专项规划项目

ISBN 978-7-111-71352-4

Ⅰ.①二⋯　Ⅱ.①韩⋯②张⋯　Ⅲ.①绕组–潮流控制–研究　Ⅳ.①TM55

中国版本图书馆 CIP 数据核字（2022）第 138802 号

机械工业出版社（北京市百万庄大街 22 号　邮政编码 100037）
策划编辑：任　鑫　　　　　责任编辑：任　鑫　杨　琼
责任校对：张晓蓉　李　婷　封面设计：王　旭
责任印制：刘　媛
北京盛通商印快线网络科技有限公司印刷
2023 年 1 月第 1 版第 1 次印刷
169mm×239mm·11.25 印张·218 千字
标准书号：ISBN 978-7-111-71352-4
定价：69.00 元

电话服务　　　　　　　　　　网络服务
客服电话：010-88361066　　　机　工　官　网：www.cmpbook.com
　　　　　010-88379833　　　机　工　官　博：weibo.com/cmp1952
　　　　　010-68326294　　　金　书　网：www.golden-book.com
封底无防伪标均为盗版　　机工教育服务网：www.cmpedu.com

前　言

随着风电、光伏等新能源并网容量的增加，电力系统的发电调度、输电能力、潮流控制问题越发突出，系统的安全稳定运行将面临严峻挑战。诚然，架设新的高压交流或直流输电线路可以满足逐渐增长的电力输送需求。然而，灵活、高效、经济利用现有输配电资产的大功率电力电子装备与技术亦值得深入研究与发展。SEN Transformer（ST）是由 K. K. SEN 在 2003 年提出的一种基于改进移相变压器技术的电磁式统一潮流控制器。ST 类似于统一潮流控制器（Unified Power Flow Controller，UPFC），可以注入一个幅值和相角可控的补偿电压，以独立地控制有功和无功潮流，且预计成本约为 UPFC 的 1/5。然而，由于 ST 的有载分接开关只能从一个档位切换至另一个档位，所以补偿电压只能在允许的控制范围内非连续变化，因此传统 ST 不能实现潮流的连续和无差调节。为了提高 ST 的潮流控制性能，许多学者对 ST 的基本结构提出了不同的改进意见，其电气结构性变种得到迅速发展。例如，本书主要讲述的二次绕组反相 SEN Transformer，又称扩展型 SEN Transformer（Extended SEN Transformer，EST），是一种新型电磁式潮流控制装置。相较于传统 ST，其控制精度更高、运行域更大；相较于目前投入使用的 UPFC，其经济性更好、可靠性更高。因此，开展 EST 及含有 EST 电力系统的相关研究具有十分重要的意义。

贵州大学电气工程学科创办于 1958 年，是贵州省首批重点学科、首批特色重点学科，在胡国根、许克明、彭志炜、何利铨、李民族、邱国跃等前辈的教导下，至今累计培养了包括本书作者在内的 6000 余名本科生和 700 余名研究生。本书总结了贵州大学交直流电力系统研究团队在移相器、SEN Transformer 及其变种研究领域的工作积累，是作者在加拿大阿尔伯塔大学与 Venkata Dinavahi 教授合作开展博士后工作，以及作者团队近十年共同努力的结晶，也是本学科前辈们所著《基于分叉理论的电力系统电压稳定性分析》《电力系统无功功率与有功功率控制》等学术研究成果的延续。冯金铃、潘宇航、卜亮、周超、谢舒帆、郭西等参与了本书第 1~12 章的理论研究工作，李伟、蔡灿等参与了本书的制表绘图等工作，全书由韩松、张靖撰写。

本书内容共 12 章，以及 6 个附录。

第 1 章简要介绍了现代柔性交流输电系统（Flexible AC Transmission System，FACTS）的背景、现状和原理，帮助读者对各潮流控制装置的功能特性有一个大致了解，并引导出了本书后续各章的研究内容。

第 2 章介绍了 SEN Transformer（ST）的原理，并给出了一种多绕组耦合的 ST 电磁解析模型。

第 3 章给出了一种基于对偶原理的三相五柱式 SEN Transformer 准稳态模型。

第 4 章给出了一种基于 UMEC 的双芯 SEN 变压器（Two-core SEN Transformer，TCST）电磁暂态模型。

第 5 章详细介绍了二次绕组反相的 SEN Transformer（EST）的工作原理，并针对分接头数量的不同情况提出了相应的 EST 分接头控制算法。

第 6 章介绍了一种适用于统一迭代潮流计算的 EST 稳态模型，并考虑了 EST 的潮流控制模式及运行约束。

第 7 章给出了一种含 EST 的电网优化潮流控制策略。应用三点估计法计算了含 EST 电力系统的概率潮流，以 NSGA-II 算法进行了多目标优化，并且分析了风电不同渗透率下的 EST 潮流调控策略。

第 8 章给出了 EST 的开关暂态模型及分析，包括电子式有载分接开关（Electronic On-load Tap-changer，EOLTC）的稳态电压和电流，换级过程中 EOLTC 的暂态电流和电压的评估值，以及 EOLTC 的选型和最大重叠时间的确定。

第 9 章进行了不同潮流控制模式下 EST 的短路电流分析。从 EST 的运行角度出发，根据 EST 的耦合电路，利用相分量法推导了 EST 的故障模型。此外，本章还分析了发生单相和三相短路故障后 EST 工作于不同潮流控制模式时的短路电流，为保障 EST 和系统的安全运行提供了理论基础。

第 10 章进行了 EST 装置内部保护系统的研究，具体包括驱动电路和短路保护（Starting Circuit and Short-Circuit Protection，SCSCP）、过电流和过电压保护与撬棒电路（Overcurrent and Overvoltage Protection and Crowbar，OP and Crowbar）、电压尖峰保护（Voltage Spike Protection，VSP）以及大气放电保

护（Atmospheric Discharge Protection，ADP）。

第 11 章进行了双芯扩展型 SEN Transformer（TCEST）的控制系统设计研究，将 TCEST 的控制模式分为三种，即电压调节模式、相角调节模式、潮流调节模式，并设计了 TCEST 在三种不同控制模式下的控制方案。

与本书相关的研究工作得到了国家自然科学基金（51567006）、贵州省科技创新人才团队项目（黔科合平台人才［2018］5615）、贵州省科学技术基金（黔科合基础［2019］1100、［2021］277）、贵州省优秀青年科技人才项目（黔科合平台人才［2021］5645）、贵州省普通高等学校科技拔尖人才支持计划资助（2018036）、贵州省高层次创新型人才培养计划"百"层次人才项目（黔科合平台人才-Gcc［2022］016-1）、贵州省高等学校工程研究中心建设项目（黔教技［2022］043 号）的资助，在此表示诚挚的感谢！

限于作者水平和时间仓促，书中难免存在不妥之处，恳请广大读者批评指正。作者联系邮箱：shan@ gzu. edu. cn，zhangjing@ gzu. edu. cn。

韩松，张靖

2022 年 5 月

于贵州大学

目　录

第1章

引　言

1.1　课题背景及意义

近年来，随着我国工业化进程不断发展，经济结构持续优化，人民生活水平不断提高，我国对能源的需求也在不断攀升。全球工业化进程的加速同样也加速了全球的气候变化，对以煤炭、石油为主的传统化石能源的过度开采与温室气体的大量排放给环境带来了巨大的负面影响，并威胁经济的可持续性发展。为了应对化石能源过度应用所导致的一系列社会以及环境问题，世界正在经历重大的能源转型过程。我国于2020年9月明确提出了"双碳"目标以面对全球能源转型。同时，作为能源转型战略核心的新能源体系得到了飞速发展，并有效缓解了当前所面临的能源短缺与环境污染等问题。根据国家能源局统计，截至2021年底，我国可再生能源装机规模达到10.68亿kW，其中风电装机容量达到3.28亿kW、光伏装机容量达到3.06亿kW。在"双碳"目标的推动下，我国将形成以风电与光伏为代表的可再生能源为主的能源体系，并即将步入可再生能源大规模并网、高渗透率分散并入并重的高比例发展阶段。

光伏、风能等新能源的大量接入以及电网结构的复杂化使得电力系统的规划和运行变得更加复杂和困难。一方面，从总体上看，我国的能源与负荷分布极为不均，西部地区风光等自然资源丰富但人口较少，东部地区人口密集但自然资源相对短缺，因此新能源的大容量长距离传输成为我国电网的典型特征。不平衡、不对称的能源与负荷分布会导致潮流分布不合理、局部线路过载等情况的发生。虽然从根本上优化电力系统结构是一种明智的解决方案，但经济成本、环境空间、法律法规等方面的限制对新建输电线路与改造现有输电线路等传统方式形成了阻碍。另一方面，具有较强波动性与随机性的可再生能源的大量接入，也使得电力系统存在电力电量概率化、电网潮流双向化、源荷界限模糊化等特征，并导致了复杂的电力系统网络结构。这些特征对电力系统整体的灵活性提出了新的需求。若系统灵活性不足，缺乏足够的调节能力，便难以应对新能源出力的不确定性所带来的系统稳定性降低、电能质量下降等问题。柔性交流输电系统（Flexible AC Transmission System，FACTS）等的出现，为改善电网潮流分布、提高系统输电容量以及保障系统可靠运行等问题提供了一个新的解决方法。

FACTS 不仅能够改变潮流分布，提高系统传输容量，还能够改善电力系统的运行特性，在提高电力系统的静态、暂态稳定性以及输电能力等方面发挥着重要的作用。目前研究比较多的 FACTS 分为以下三种：

1）并联型 FACTS。典型的并联型 FACTS 有静止无功补偿器（Static Var Compensator，SVC）与静止同步补偿器（Static Synchronous Compensator，STATCOM）等。

2）串联型 FACTS。典型的串联型 FACTS 有静止同步串联补偿器（Static Synchronous Series Compensator，SSSC）和晶闸管可控移相器（Thyristor Controlled Phase Shift Transformer，TCPST）等。

3）综合型 FACTS。典型的综合型 FACTS 有统一潮流控制器（Unified Power Flow Controller，UPFC）与线间潮流控制器（Interline Power Flow Controller，IPFC）等。

并联型 FACTS 能够实现调控线路的无功功率，串联型 FACTS 能够实现调节线路电抗与有功功率。但这两种系统并不能独立控制有功功率与无功功率。UPFC 作为当前功能最全面的综合型 FACTS 之一，能够同时调节线路的电压幅值与相角，做到独立控制线路的有功功率与无功功率。但是过高的安装成本和运行成本以及复杂的控制方法限制了 UPFC 在电力系统中的应用。相较于 UPFC，由于 IPFC 的串联侧串联于多条线路，因此 IPFC 可以同时对多回临近线路的潮流进行调控。但是与 UPFC 类似，IPFC 的安装和运行成本限制了其在电网的广泛应用。

2003 年 K. K. SEN 提出了一种新型电磁式潮流控制器：SEN Transformer（ST），其能够独立控制线路有功功率和无功功率，且安装成本与运行成本均低于同等容量的 UPFC。由于 ST 是基于多绕组变压器技术与分接开关技术发展而来的新型潮流控制装置，其具有成本低廉、技术成熟等优势。这些优势使得 ST 有可能成为其他 FACTS 的重要替代品，不同潮流控制装置的功能特性比较见表 1-1。因此，近年来国内外持续开展了针对 ST 及其变种的研究，涵盖了装置侧建模与内部暂态过程分析，系统侧潮流分析与控制方法研究等方面，并取得了不俗的进展。但是由于 ST 是一种基于变压器与有载分接开关技术进行调控的潮流控制器，其存在着控制精度较低和调节速度慢等缺陷。而且传统 ST 的二次绕组直接串联在线路中，这种结构给 ST 在特/超高压场景中的应用带来了困难。因此，提高 ST 的调节精度与调节速度，拓展 ST 在特/超高压场景下的应用对 ST 的发展存在重要的意义。

表1-1　不同潮流控制装置的功能特性比较

功 能 特 性	电压调节器	移相器	ST	基于PWM-VSC的UPFC
电压调节功能	是	否	是	是
相角调节功能	否	是	是	是
独立控制有功功率和无功功率	否	否	是	是
复杂性/元件的数量	低	低	低	高
可靠性与可实现性	高	高	高	低
在线路频率下实现补偿电压	是	是	是	否
耦合变压器为低漏抗	是	是	是	否
安装快速故障电流开关	否	否	否	是
满足系统功率调节的动态响应速度	是	是	是	是
补偿电压的步长取决于分接头的数量	是	是	是	否
独立地发出或吸收无功功率	否	否	是	是
额定功率下的有功损耗率	<1%	<1%	<1%	约8%
控制精度	一般	一般	一般	最好
响应速度	一般	一般	一般	最好

1.2 国内外研究现状

1.2.1 电磁式潮流控制装置原理概述

在电力系统中，为了控制输电线路潮流，一般是通过控制电压幅值、相角差和线路阻抗来调节，图1-1所示为简化的双端电力系统示意图。

从图1-1可以看出，通过改变送端与受端电压相角差 δ、电压幅值 V_r 或 V_s 和线路组抗 X_L 就可以实现对线路潮流的控制。因此，出现了移相器、电压调节器和ST等电磁式潮流控制装置。

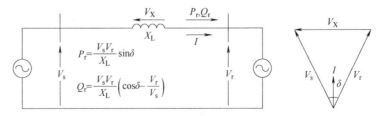

图1-1　简化的双端电力系统示意图

1. 移相器

移相器通过产生一个与传输线路电压相角垂直的电压，从而改变电压相角，移相器实物图如图 1-2 所示，移相器原理示意图如图 1-3 所示。

图 1-2　移相器实物图

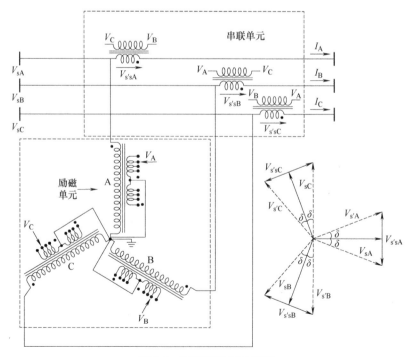

图 1-3　移相器原理示意图

从图 1-3 中可以看出，其 A 相产生的补偿电压 $V_{s's A}=V_C-V_B$，则 $V_{s's A}$ 与 V_A 相角垂直，移相器根据注入补偿电压 $V_{s's}$ 的大小，确定相角改变的程度，$V_{s's}$ 越大，相角差 δ 也越大。

2. 电压调节器

电压调节器的调节方法是在输电线路上注入一个与送端电压相角相同或相角相反的电压相量，以增加或减少受端节点电压幅值。图 1-4 所示为电压调节器原理示意图。

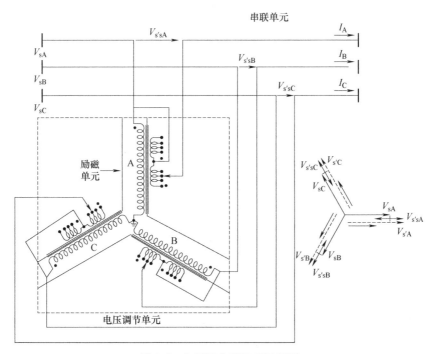

图 1-4　电压调节器原理示意图

在图 1-4 中，电压调节器的三相励磁侧绕组星形联结，其补偿单元为线路送端电压 V_s，通过注入同相或反相电压 $V_{s's}$，补偿后得到的电压为 $V_{s'}=V_s\pm V_{s's}$。由于 V_s 与 $V_{s's}$ 相角一致，则经过电压调节器作用后将其送端电压幅值增加或减少 $|V_{s's}|$。

3. SEN Transformer（ST）

根据对移相器和电压调节器的介绍，可知以上两种电磁式潮流控制装置只能单独地改变电压幅值或者相角，也就意味着它们不能独立控制线路的有功功率和无功功率。因此，SEN 博士提出了一种改进型移相变压器，其能够独立控制线路有功功率和无功功率，且兼具电压调节、相角调节和阻抗调节的功能。同时，它是基于变压器和有载分接开关技术实现潮流调节的，所以其成本较低、损耗较低且可靠性高。ST 原理示意图如图 1-5 所示。

从图 1-5 可知，以 A 相为例，ST 励磁侧绕组星形联结，其 A 相二次绕组 a_1、B 相二次绕组 b_1 和 C 相二次绕组 c_1 串联到 A 相输电线路。由于其二次绕组电压 V_{aa}、V_{ba} 和 V_{ca} 相角互差 120°，通过改变各二次绕组匝数就可以实现不同电压幅值和不同相角的补偿，即 ST 能够独立控制线路的有功功率和无功功率。

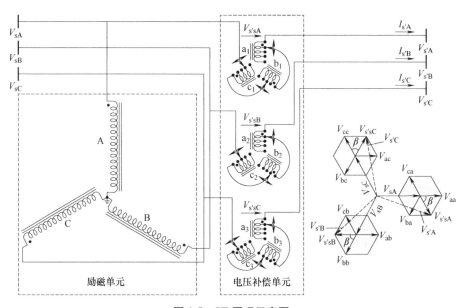

图 1-5　ST 原理示意图

ST 是通过调节二次绕组的有载分接开关得到补偿电压，从而调节输电线路的有功功率和无功功率。因此，其调节过程属于离散调节，且控制精度较差。进而，参考文献 [21-22] 提出了一种由小容量 UPFC 和大容量 ST 串联组成的混合式潮流控制器，但是它们仅将两个装置直接连接起来，只有电的联系，没有磁的耦合，且没有对混合式潮流控制器容量计算方法和闭环控制策略深入研究。继而参考文献 [23] 提出了一种电磁混合式统一潮流控制器，将 ST 与 UPFC 共用一次侧励磁侧绕组，使两个装置有了电磁联系，成为一个串并联型潮流控制装置。基于以上工作的研究，参考文献 [24-25] 提出了一种改进型移相变压器，将移相变压器的结构从四绕组变压器简化为双绕组变压器，使得在工程应用上更容易实现。此外，参考文献 [26] 提出了一种晶闸管辅助式 ST，其由一个小容量的交流斩波电路和一个大容量 ST 串联组成，能实现 ST 的无差调节。然而，基于 VSC 技术的 UPFC 或电力电子技术的交流斩波电路与基于有载分接开关调控技术的 ST 的协同控制原理较复杂。参考文献 [27-28] 提出了一种二次绕组反相的改进型 ST，其有效地改善了传统 ST 的控制精度且增加了 ST 的运行域，但是有载分接开关仍然采用机械式分接开关，从本质上并没有增加调控速度。进而，参考文献［29-30］提出了一种基于电力电子开关技术二次绕组反相的 EST，其调节速度、控制精度和运行域都优于传统 ST，且控制方法简单。

1.2.2 ST 及其变种的研究现状

参考文献［20，22］提出了一种由小容量 UPFC 和大容量 ST 串联组成的混合式潮流控制器（Hybrid Unified Power Flow Controller，HUPFC），实现了 ST 的连续调节。文献［23，31］提出了一种电磁混合式统一潮流控制器（Hybrid Electromagnetic Unified Power Flow Controller，HEUPFC），将 ST 与 UPFC 共用一次侧励磁绕组，使两个装置有了电磁联系，成为一个串并联型潮流控制装置。参考文献［32］提出了一种改进型 ST（Improved ST，IST），将 ST 从四绕组变压器简化为双绕组自耦变压器，拓宽了 ST 的控制域与移相范围。参考文献［25，34］将 IST 与 UPFC 结合，提出了改进型混合统一潮流控制器以提供连续的潮流控制，并对 IST 与 UPFC 的容量配置关系进行了分析，以便改进型混合统一潮流控制器（Improved Hybrid Unified Power Flow Controller，IHUPFC）可以对潮流进行灵活且连续的控制。参考文献［35］提出了一种由一个小容量的交流斩波电路和一个大容量 ST 串联组成的功率晶体管辅助式 ST（Power Transistor Assisted ST，TAST），其能实现无差调节，并提供了约为 14.62% 的额外的潮流控制范围。此外，文献作者还额外对比了 TAST 与 UPFC 之间的成本差异。为扩大 ST 的调节域，参考文献［27］提出了一种带中心分接头的 ST，实现了补偿电压反相，从而增加了 ST 的运行点，扩大了控制域。但该种结构增加了绕组匝数，并且未充分挖掘出该拓扑的控制潜力。继而参考文献［35］提出了一种可实现二次绕组反相的改进型 ST，其加入了桥式开关，有效地改善了传统 ST 的控制精度和增加了 ST 的运行域。参考文献［28］提出了一种基于不对称绕组的 ST，提高了 ST 的调节精度，扩大了控制域，并降低了 ST 的绕组与铁心大小。参考文献［29-30］提出了一种基于电力电子开关技术二次绕组反相的扩展型 ST，其调节速度、控制精度和运行域都优于传统 ST，且控制方法简单。参考文献［36］将仅能调节单线路潮流的 ST 进行拓展，提出了一种适用于配电网多线路调节的快速电磁式 ST。该种结构采用晶闸管混合式开关，能够实现快速切换，并做到无弧切换。

从 ST 及其变种的建模角度出发，参考文献［37］利用 MATLAB/Simulink 和 PSCAD/EMTDC 建立了基于双绕组变压器的 ST 简化仿真模型，但是在上述参考文献中未考虑绕组间的互感。继而，参考文献［28］利用混合变压器建模方法建立了 ST 的电磁暂态模型。参考文献［39］建立了详细的 ST 实时电磁暂态仿真模型，但是其忽略了铁心结构和磁通路径。进而，参考文献［40］基于 ST 的非线性等效磁路，考虑了铁心磁滞、涡流损耗等因素的影响，建立了 ST 的非线性磁特性实时仿真模型。此外，为了进一步揭示 ST 内部的电压和电流关系，参考文献［41］提出了一种考虑多绕组耦合的电磁解析模型。然而，以上文献主要是针对 ST 装置的仿真建模和电磁暂态建模研究，不适用于对大规模的电力系统分析研究。

参考文献［42-43］建立了 ST 的稳态模型，以 ST 缓解系统拥塞开展优化研究，但是其所建立的模型没有考虑 ST 的运行约束，为含有 ST 的电力系统潮流调控研究带来了局限。参考文献［44］基于统一迭代法的计算思想建立了晶闸管辅助型 ST 的稳态潮流模型，并在标准的 IEEE 2 机 5 节点和修改 IEEE 6 机 30 节点系统建立了仿真模型，且与其解析计算结果进行比较，证明了所提模型的有效性，但是其没有考虑装置的潮流控制模式。

1.2.3　ST 及其变种的控制系统研究

虽然关于 ST 已有许多学者对其展开了研究，但是大都集中于拓扑，稳态潮流模型构建与稳态特性分析，电磁暂态模型建立与暂态过程仿真，关于控制方面研究较少。参考文献［37］提出了一种能够为 ST 的补偿绕组选择最佳分接头组合的新型算法，分析了 MOLTC 的换级过程，并基于 PSCAD/EMTDC，建立了 ST 分接头切换过程的等效模型。参考文献［31］提出了 HEUPFC 的基本控制系统。参考文献［34］提出 TAST 的同时，还给出了 TAST 的控制策略。在分接头反相控制策略的基础上，参考文献［27］提出了一种改进的 ST 与其 MOLTC 选择和控制方法，增加了 ST 控制区域内分接头可运行点的个数，提高了调节精度，并详细介绍了新的 MOLTC 变换算法及其实现技术。参考文献［45］针对不对称绕组的 ST，提出了对应的分接头置位算法，并在 MATLAB/Simulink 中进行仿真对所提算法进行了验证。参考文献［25］提出了 IHUPFC，分别给出了构成 IHUPFC 的 IST 与 UPFC 的控制策略，并展示了 IHUPFC 的协调控制策略与控制流程图，借助 MATLAB/Simulink 进行了仿真。参考文献［36］采用分支界定法为扩展型 ST 设计了分接头控制方法。作为 ST 的一种新型拓扑，有必要对 TCEST 控制系统进行开发，以保证其能够安全、有效地参与电网潮流调控。

1.2.4　电子式有载分接开关及其保护系统的研究现状

ST 是基于多绕组变压器和有载分接开关（On-load Tap-changers，OLTC）的技术，通过改变绕组分接头的位置可以有选择性地调节输电线路中的有功功率和无功功率。而有载分接开关可分为机械式有载分接开关（Mechanical On-load Tap-changers，MOLTC）和电子式有载分接开关（Electronic On-load Tap-changers，EOLTC），OLTC 的实物图如图 1-6 所示。相较于 MOLTC，EOLTC 在切换过程中能够实现无弧切换、无触点颤抖，还能避免接触不良的现象发生，其切换速度快、体积小、绝缘性能良好，无机械驱动，避免了机械部分的故障，提高了装置的可靠性。

图 1-6　OLTC 的实物图

从发展 MOLTC 的角度出发，参考文献［37］提出了一种能够为 ST 的补偿绕组选择最佳分接头组合的新型算法，分析了 MOLTC 的换级过程，并建立了分接头在每个换级位置的等效 PSCAD/EMTDC 模型。在分接头反相控制策略的基础上，参考文献［27］提出了一种改进的 MOLTC 选择和控制方法，增加了 ST控制区域内分接头可运行点的个数，提高了调压精度，并详细介绍了新的MOLTC 变换算法及其实现技术。从发展 EOLTC 的角度出发，参考文献［48］简要回顾了传统机械式分接开关（Mechanical Tap-changer，MTC）和电子式分接开关（Electronic Tap-changer，ETC）在分接头换级过程中的区别，并在 MTC 控制模型的基础上进行改进，提出了一种适用于 ETC 的控制模型。参考文献［46］对机电混合式 OLTC 和全电子式 OLTC 的拓扑和工作机理进行了分析，阐述了OLTC 中电力电子技术应用研究的趋势和关键问题，为深入发展 EOLTC 提供了参考。参考文献［49-50］提出了变压器绕组以及 ETC 的最佳配置标准，包括开关的数量、变压器的绕组和分接头数量、最大闭锁电压和电压调节的幅值偏差等方面的优化，并将所提出的 ETC 设计方案应用于配电变压器，通过实验测试展示了 ETC 相较于 MTC 的优势。参考文献［51］从整体上论述了 OLTC 的发展历程，系统地比较了 MOLTC 和 EOLTC 的优缺点（见表 1-2），并提出了全电子式分接开关（Full-electronic Tap-changers，FETC）的分接绕组最佳拓扑和开关配置，分析了 FETC 中的双向固态开关的换级过程和 FETC 输出电压调节的控制系统设计。参考文献［52］提出了配电变压器的 EOLTC 分析和设计指南，包括变压器分接头的物理布局设计、换级过程中电流和电压的暂态计算，以及 EOLTC 的选型和保护电路设计，并通过串联补偿实现了配电网的电压调节。

表 1-2   MOLTC 和 EOLTC 的优缺点比较

性　　能	MOLTC	EOLTC
使用寿命	较短	较长
可靠性	低	高
安全性	低	高
响应速度	慢	快
电磁干扰	大	小
造价成本	较低	较高
噪声	大	小

然而，现有关于 EOLTC 的研究主要集中在 EOLTC 的拓扑和开关配置、分接头控制方案及其在单相变压器中的应用。但将大功率 EOLTC 应用于传统 ST 以提高其动态响应速度还需进一步研究，才能使其能适用于对动态调节能力、响应速度要求较高的应用场合。ST 是一种基于多绕组变压器的电磁式统一潮流控制，涉及的绕组和分接开关数量较多，需将 EOLTC 的应用进一步改进和推广，使其适用于 ST。因此，为了提高传统 ST 的响应速度，本书提出了一类基于 EOLTC 的扩展型 SEN Transformer（Extended SEN Transformer，EST）拓扑，该拓扑将传统 ST 的 MOLTC 替换为 EOLTC。此类 EOLTC 将共发射极（反串联）连接且与二极管反并联连接的绝缘栅双极型晶体管（Insulated-gate Bipolar Transistors，IGBT）用作双向开关。IGBT 同时兼有电力晶体管 GTR 和电力 MOSFET 的优点，具有驱动功率小、饱和电压降低和通态损耗低的优势，在现代电力电子技术中得到广泛应用。随着高压大功率电力电子器件、电力电子型变压器分接开关技术的发展，此类 EST 具有可观的应用前景。另外，开关过程中发生的快速暂态过程会引起严重的过电压，变压器可能会受到这些过电压的影响，导致电压呈现非线性分布。因此，开展 EOLTC 开关暂态过程的分析与研究，对 EST 的分接开关选型和保护系统设计具有重要意义。

另一方面，从发展 EOLTC 保护系统的角度出发，参考文献［55］讨论了 IGBT 的正常开关操作和短路运行的保护标准，并详细介绍了为保护 IGBT 免受开关暂态电压影响而设计的一些保护方案。参考文献［56］提出了一种在变压器起动过程中防止一次绕组开路的旁路开关，该旁路开关还能在变压器二次侧发生短路等故障时导通电流。在参考文献［57］中提出了一种自换相撬棒电路，以传导由负载浪涌和短路引起的过电流，从而避免了过电流流过 EOLTC。参考文献〔44〕系统地提出了适用于配电变压器的 EOLTC 分析和设计指南，以及 EOLTC 的选型和保护电路设计，并对 EOLTC 及其保护电路进行了正常和故障运行条件下的实验测试，验证了所提保护电路的有效性。

保护系统对于 ST 的正常运行非常重要，但到目前为止还没有相关文献对 ST 及其变种的保护系统进行研究。针对 ST 内部可能发生的各种故障与不正常运行状态，ST 及其变种的保护系统研究亟待进一步发展。因此，为了确保 ST 的安全运行，开展 ST 及其变种的保护系统研究工作变得十分重要。

第2章

考虑多绕组耦合的 ST 电磁解析模型

2.1　工作原理

ST 电气连接示意图如图 2-1 所示，ST 一次侧星形联结，并联接入上述电气系统的送端，构成励磁单元。二次侧每相由 3 个带有分接头的绕组组成，构成串联电压调整单元，例如，A 相二次侧分接头为 a_1、a_2、a_3，B 相二次侧分接头为 b_1、b_2、b_3，C 相二次侧分接头为 c_1、c_2、c_3。其中，分接头 a_1、b_1、c_1 组成 A 相串联补偿电压，即 $u_{\mathrm{ST,sa1}}$、$u_{\mathrm{ST,sb1}}$、$u_{\mathrm{ST,sc1}}$。由于它们之间相角互差 120°，通过有载调压开关对分接头进行控制，改变这 3 个电压相量的组合方式，从而改变 A 相串联补偿电压 $u_{\mathrm{ST,ca}}$。同理，可实现 B 相、C 相串联补偿电压 $u_{\mathrm{ST,cb}}$、$u_{\mathrm{ST,cc}}$。此外，应保证在任意时刻，a_1、b_2、c_3 投入运行的绕组匝数相等，b_1、c_2、a_3 投入运行的绕组匝数相等，以及 c_1、a_2、b_3 投入运行的绕组匝数相等。

2.2　ST 电磁耦合模型

2.2.1　ST 的磁路结构分析

ST 铁心的等效磁路如图 2-2 所示，图 2-2 中每个铁心柱由 3 种类型的磁导组成：

1）磁动势：$N_{\mathrm{A}}i_{\mathrm{ST,pa}}$、$N_{\mathrm{B}}i_{\mathrm{ST,pb}}$ 和 $N_{\mathrm{C}}i_{\mathrm{ST,pc}}$ 分别表示由流过 ST 一次绕组 a、b、c 三相的电流所产生的磁动势；$N_{\mathrm{a1}}i_{\mathrm{ST,sa}}$、$N_{\mathrm{a2}}i_{\mathrm{ST,sb}}$、$N_{\mathrm{a3}}i_{\mathrm{ST,sc}}$、$N_{\mathrm{b1}}i_{\mathrm{ST,sa}}$、$N_{\mathrm{b2}}i_{\mathrm{ST,sb}}$、$N_{\mathrm{b3}}i_{\mathrm{ST,sc}}$、$N_{\mathrm{c1}}i_{\mathrm{ST,sa}}$、$N_{\mathrm{c2}}i_{\mathrm{ST,sb}}$ 和 $N_{\mathrm{c3}}i_{\mathrm{ST,sc}}$ 分别表示由流过 ST 二次绕组 a、b、c 三相的电流所产生的磁动势。N_{A}、N_{B}、N_{C} 为一次绕组匝数；$N_{\mathrm{a1}} \sim N_{\mathrm{a3}}$、$N_{\mathrm{b1}} \sim N_{\mathrm{b3}}$、

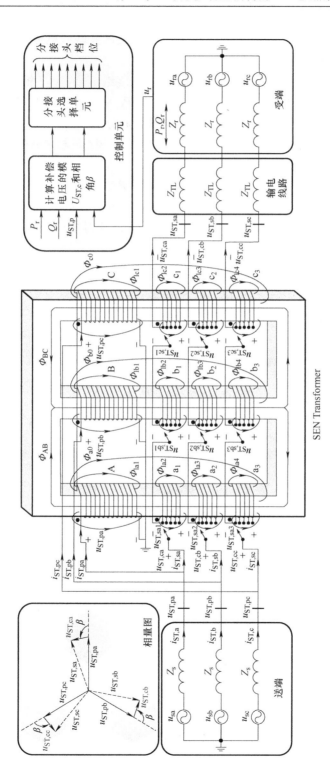

图 2-1　ST 电气连接示意图

$N_{c1} \sim N_{c3}$ 为二次绕组匝数；$i_{ST,pa}$、$i_{ST,pb}$、$i_{ST,pc}$ 为一次侧并联线电流；$i_{ST,sa}$、$i_{ST,sb}$、$i_{ST,sc}$ 为二次侧串联线电流。

2）铁心磁导：P_A、P_B、P_C 分别表示 ST 一次绕组 a、b、c 三相的铁心磁导，其对应的磁通分别为 Φ_A、Φ_B 和 Φ_C；$P_{a1} \sim P_{a3}$、$P_{b1} \sim P_{b3}$、$P_{c1} \sim P_{c3}$ 分别表示 ST 二次绕组 a、b、c 三相的铁心磁导，其对应的磁通分别为 $\Phi_{a1} \sim \Phi_{a3}$、$\Phi_{b1} \sim \Phi_{b3}$、$\Phi_{c1} \sim \Phi_{c3}$；P_{ab} 和 P_{bc} 分别表示铁轭 a 相与 b 相之间、b 相与 c 相之间的磁导，其对应的磁通分别为 Φ_{AB} 和 Φ_{BC}。

3）漏磁路磁导与零序磁导：$P_{la1} \sim P_{la4}$、$P_{lb1} \sim P_{lb4}$、$P_{lc1} \sim P_{lc4}$ 分别表示 a、b、c 三相漏磁支路的磁导，其对应的磁通分别为 $\Phi_{la1} \sim \Phi_{la4}$、$\Phi_{lb1} \sim \Phi_{lb4}$、$\Phi_{lc1} \sim \Phi_{lc4}$；$P_{a0}$、$P_{b0}$、$P_{c0}$ 分别表示 a、b、c 三相的零序磁导，其对应的磁通分别为 Φ_{a0}、Φ_{b0}、Φ_{c0}。

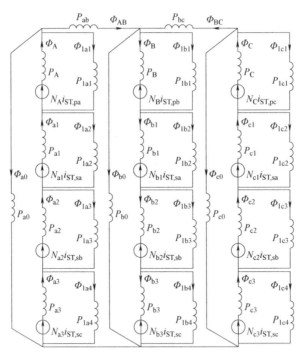

图 2-2　ST 铁心的等效磁路

假设铁心的磁路长度在一次绕组和二次绕组中平均分配，磁路中铁心和铁轭的磁导 P_{Fe} 可按式（2-1）计算，即

$$P_{Fe} = \mu_{Fe} \frac{S}{0.5L} \tag{2-1}$$

式中，μ_{Fe} 为铁心磁导率，由铁磁材料的磁化曲线确定；S 为铁心或铁轭的横截面

积；L 为铁心或铁轭的等效磁路长度。

漏磁导只与磁路的材料及几何尺寸有关，假设漏感在一次绕组和二次绕组中平均分配，漏磁导可按式（2-2）计算，即

$$P_{\text{leakage}} = \frac{0.5 X_{\text{leakage}}}{2\pi f N^2} \tag{2-2}$$

式中，X_{leakage} 为 ST 漏抗值；N 为绕组匝数；f 为工频。

2.2.2　磁路等效计算模型

ST 等效磁路中磁通与磁导、磁动势之间的关系满足以下矩阵方程：

$$\boldsymbol{\Phi} = \boldsymbol{P}(\boldsymbol{N}\boldsymbol{i} - \boldsymbol{\theta}) \tag{2-3}$$

式中，$\boldsymbol{\Phi}$ 为各绕组支路构成的磁通矩阵；$\boldsymbol{P}$ 为各励磁支路构成的磁导矩阵；$\boldsymbol{N}$、$\boldsymbol{i}$ 分别为绕组匝数和绕组电流构成的矩阵；$\boldsymbol{\theta}$ 为各励磁支路的磁动势矩阵。

根据高斯磁路定律，流入和流出节点的磁通代数和必须为 0，即

$$\boldsymbol{A}^{\text{T}}\boldsymbol{\Phi} = \boldsymbol{0} \tag{2-4}$$

式中，矩阵 $\boldsymbol{A}^{\text{T}}$ 是等效磁路的节点关联矩阵，矩阵元素为 1、−1 和 0，分别表示该支路磁通流入、流出和不与该节点相连。各节点的磁通代数方程和等效磁路的节点关联矩阵 $\boldsymbol{A}^{\text{T}}$ 见附录 A-1。

节点磁动势与支路磁动势满足以下关系：

$$\boldsymbol{A}\boldsymbol{\theta}_{\text{node}} = \boldsymbol{\theta} \tag{2-5}$$

式中，$\boldsymbol{\theta}_{\text{node}}$ 表示磁路各节点的磁动势。

联立式（2-3）~式（2-5）可得

$$\boldsymbol{\Phi} = \boldsymbol{M}\boldsymbol{P}\boldsymbol{N}\boldsymbol{i} \tag{2-6}$$

式中，$\boldsymbol{M} = \boldsymbol{I} - \boldsymbol{P}\boldsymbol{A}(\boldsymbol{A}^{\text{T}}\boldsymbol{P}\boldsymbol{A})^{-1}\boldsymbol{A}^{\text{T}}$，$\boldsymbol{I}$ 为单位阵。

将励磁支路分成两部分，具有磁动势和磁导部分的支路 $\boldsymbol{\Phi}^{\text{M}}$，即流经绕组线圈的磁通支路；只具有磁导部分的支路 $\boldsymbol{\Phi}^{\text{P}}$，即流经铁轭和漏磁的磁通支路。式（2-6）可以改写成如下形式

$$\begin{bmatrix} \boldsymbol{\Phi}^{\text{M}} \\ \boldsymbol{\Phi}^{\text{P}} \end{bmatrix} = \begin{bmatrix} \boldsymbol{M}^{\text{MM}} & \boldsymbol{M}^{\text{MP}} \\ \boldsymbol{M}^{\text{PM}} & \boldsymbol{M}^{\text{PP}} \end{bmatrix} \begin{bmatrix} \boldsymbol{P}^{\text{M}} & \boldsymbol{0} \\ \boldsymbol{0} & \boldsymbol{P}^{\text{P}} \end{bmatrix} \begin{bmatrix} \boldsymbol{N}^{\text{M}}\boldsymbol{i}^{\text{M}} \\ \boldsymbol{0} \end{bmatrix} \tag{2-7}$$

式中，$\boldsymbol{P}^{\text{M}}$ 为铁心磁导矩阵；$\boldsymbol{P}^{\text{P}}$ 为漏磁路磁导与零序磁导矩阵；$\boldsymbol{N}^{\text{M}}\boldsymbol{i}^{\text{M}}$ 为磁动势矩阵。其中，$\boldsymbol{M}^{\text{MM}}$ 是矩阵 $\boldsymbol{M}$ 中 12×12 维的子矩阵；$\boldsymbol{M}^{\text{MP}}$ 和 $\boldsymbol{M}^{\text{PM}}$ 分别是矩阵 $\boldsymbol{M}$ 中 12×17 维和 17×12 维子矩阵；$\boldsymbol{M}^{\text{PP}}$ 是矩阵 $\boldsymbol{M}$ 中 17×17 维的子矩阵；$\boldsymbol{\Phi}^{\text{M}}$ 和 $\boldsymbol{i}^{\text{M}}$ 是 12×1 维的列向量；$\boldsymbol{\Phi}^{\text{P}}$ 是 17×1 维的列向量；$\boldsymbol{P}^{\text{M}}$ 和 $\boldsymbol{N}^{\text{M}}$ 是 12×12 维的对角矩阵；$\boldsymbol{P}^{\text{P}}$ 是 17×17 维的对角矩阵，即

$$\begin{aligned} \boldsymbol{\Phi}^{\text{M}} = [\, & \Phi_{\text{A}}(t), \Phi_{\text{B}}(t), \Phi_{\text{C}}(t), \Phi_{\text{a1}}(t), \Phi_{\text{b1}}(t), \Phi_{\text{c1}}(t), \Phi_{\text{a2}}(t), \\ & \Phi_{\text{b2}}(t), \Phi_{\text{c2}}(t), \Phi_{\text{a3}}(t), \Phi_{\text{b3}}(t), \Phi_{\text{c3}}(t) \,]^{\text{T}} \end{aligned}$$

$$\boldsymbol{i}^{\mathrm{M}} = [\, i_{\mathrm{ST,pa}}(t), i_{\mathrm{ST,pb}}(t), i_{\mathrm{ST,pc}}(t), i_{\mathrm{ST,sa}}(t), i_{\mathrm{ST,sa}}(t), i_{\mathrm{ST,sa}}(t),$$
$$i_{\mathrm{ST,sb}}(t), i_{\mathrm{ST,sb}}(t), i_{\mathrm{ST,sb}}(t), i_{\mathrm{ST,sc}}(t), i_{\mathrm{ST,sc}}(t), i_{\mathrm{ST,sc}}(t)\,]^{\mathrm{T}}$$

$$\boldsymbol{P}^{\mathrm{M}} = \mathrm{diag}(\, P_{\mathrm{A}}(t), P_{\mathrm{B}}(t), P_{\mathrm{C}}(t), P_{\mathrm{a1}}(t), P_{\mathrm{b1}}(t), P_{\mathrm{c1}}(t),$$
$$P_{\mathrm{a2}}(t), P_{\mathrm{b2}}(t), P_{\mathrm{c2}}(t), P_{\mathrm{a3}}(t), P_{\mathrm{b3}}(t), P_{\mathrm{c3}}(t)\,)$$

$$\boldsymbol{N}^{\mathrm{M}} = \mathrm{diag}(\, N_{\mathrm{A}}(t), N_{\mathrm{B}}(t), N_{\mathrm{C}}(t), N_{\mathrm{a1}}(t), N_{\mathrm{b1}}(t), N_{\mathrm{c1}}(t),$$
$$N_{\mathrm{a2}}(t), N_{\mathrm{b2}}(t), N_{\mathrm{c2}}(t), N_{\mathrm{a3}}(t), N_{\mathrm{b3}}(t), N_{\mathrm{c3}}(t)\,)$$

式中，diag 表示对角矩阵。

由式（2-7）可得：

$$\boldsymbol{\Phi}^{\mathrm{M}} = \boldsymbol{M}^{\mathrm{MM}} \boldsymbol{P}^{\mathrm{M}} \boldsymbol{N}^{\mathrm{M}} \boldsymbol{i}^{\mathrm{M}} \tag{2-8}$$

又因为

$$\boldsymbol{\Phi}^{\mathrm{M}} = (\boldsymbol{N}^{\mathrm{M}})^{-1} \boldsymbol{L}_{\mathrm{ST}} \boldsymbol{i}^{\mathrm{M}} \tag{2-9}$$

结合式（2-8）和式（2-9），得到 ST 的感应系数矩阵为

$$\boldsymbol{L}_{\mathrm{ST}} = \boldsymbol{N}^{\mathrm{M}} \boldsymbol{M}^{\mathrm{MM}} \boldsymbol{P}^{\mathrm{M}} \boldsymbol{N}^{\mathrm{M}} \tag{2-10}$$

式中，$\boldsymbol{L}_{\mathrm{ST}}$ 为 12×12 维的对称矩阵。式（2-10）即为通过 UMEC 推导出的由支路磁导组成的 ST 感应系数矩阵。矩阵 $\boldsymbol{L}_{\mathrm{ST}}$ 中主对角线元素为一、二次绕组的自感，其余位置分别为绕组间的互感。若不考虑 ST 的多绕组耦合效应，则矩阵 $\boldsymbol{L}_{\mathrm{ST}}$ 为只含自感系数的对角矩阵。

进一步地，由式（2-10）可计算出 ST 一、二次侧的自感系数和互感系数，代入 ST 一、二次侧的电压电流方程，即得 ST 暂态方程为

$$\boldsymbol{u}_{\mathrm{ST}} = \boldsymbol{r} \boldsymbol{i}^{\mathrm{M}} + \boldsymbol{L}_{\mathrm{ST}} p \boldsymbol{i}^{\mathrm{M}} \tag{2-11}$$

式中，p 为微分算子，$p = \mathrm{d}/\mathrm{d}t$；$\boldsymbol{u}_{\mathrm{ST}}$ 为 12×1 维的 ST 一次绕组和二次绕组端电压列向量；$\boldsymbol{r}$ 为 12×12 维的等效内阻对角矩阵，即

$$\boldsymbol{u}_{\mathrm{ST}} = [\, u_{\mathrm{ST,pa}}(t), u_{\mathrm{ST,pb}}(t), u_{\mathrm{ST,pc}}(t), u_{\mathrm{ST,sa1}}(t), u_{\mathrm{ST,sb1}}(t), u_{\mathrm{ST,sc1}}(t), u_{\mathrm{ST,sa2}}(t),$$
$$u_{\mathrm{ST,sb2}}(t), u_{\mathrm{ST,sc2}}(t), u_{\mathrm{ST,sa3}}(t), u_{\mathrm{ST,sb3}}(t), u_{\mathrm{ST,sc3}}(t)\,]^{\mathrm{T}}$$

$$\boldsymbol{r} = \mathrm{diag}(r_{\mathrm{A}}, r_{\mathrm{B}}, r_{\mathrm{C}}, r_{\mathrm{a1}}, r_{\mathrm{b1}}, r_{\mathrm{c1}}, r_{\mathrm{a2}}, r_{\mathrm{b2}}, r_{\mathrm{c2}}, r_{\mathrm{a3}}, r_{\mathrm{b3}}, r_{\mathrm{c3}})$$

式中，$u_{\mathrm{ST,pa}}(t)$、$u_{\mathrm{ST,pb}}(t)$、$u_{\mathrm{ST,pc}}(t)$ 分别为 3 个一次绕组所对应的端电压；$u_{\mathrm{ST,sa1}}(t) \sim u_{\mathrm{ST,sa3}}(t)$、$u_{\mathrm{ST,sb1}}(t) \sim u_{\mathrm{ST,sb3}}(t)$、$u_{\mathrm{ST,sc1}}(t) \sim u_{\mathrm{ST,sc3}}(t)$ 分别为 9 个二次绕组所对应的端电压；r_{A}、r_{B}、r_{C} 分别为 3 个一次绕组电阻；$r_{\mathrm{a1}} \sim r_{\mathrm{a3}}$、$r_{\mathrm{b1}} \sim r_{\mathrm{b3}}$、$r_{\mathrm{c1}} \sim r_{\mathrm{c3}}$ 分别为 9 个二次绕组电阻。

2.3　ST 电气解析模型

ST 电气连接示意图如图 2-1 所示，其包括系统电路、ST 一次励磁支路和二次串联支路。ST 模型连接于该输电系统送端，其中，ST 的一次侧并联于送端，

二次侧串联于送端。

根据系统电路和 ST 的电气连接关系，由基尔霍夫电压定律和电流定律可建立如下方程

$$\begin{cases} u_{ST,pa}=u_{sa}-i_{ST,a}Z_s \\ u_{ST,pb}=u_{sb}-i_{ST,b}Z_s \\ u_{ST,pc}=u_{sc}-i_{ST,c}Z_s \end{cases} \tag{2-12}$$

$$\begin{cases} i_{ST,pa}=i_{ST,a}-i_{ST,sa} \\ i_{ST,pb}=i_{ST,b}-i_{ST,sb} \\ i_{ST,pc}=i_{ST,c}-i_{ST,sc} \end{cases} \tag{2-13}$$

式中，u_{sa}、u_{sb}、u_{sc} 为该系统送端电压；$i_{ST,a}$、$i_{ST,b}$、$i_{ST,c}$ 为该系统送端线电流；Z_s 为该系统送端阻抗。

ST 一次绕组的三相等效电路如图 2-3 所示，由基尔霍夫电压定律可得如下方程

$$\begin{cases} u_{ST,pa}=i_{ST,pa}(Z_{ST,pa}+Z_{mA}) \\ u_{ST,pb}=i_{ST,pb}(Z_{ST,pb}+Z_{mB}) \\ u_{ST,pc}=i_{ST,pc}(Z_{ST,pc}+Z_{mC}) \end{cases} \tag{2-14}$$

式中，$Z_{ST,pa}$、$Z_{ST,pb}$、$Z_{ST,pc}$ 为一次绕组的漏阻抗，漏阻抗反映了漏磁通的作用；Z_{mA}、Z_{mB}、Z_{mC} 为励磁阻抗，励磁阻抗反映了主磁通的作用。

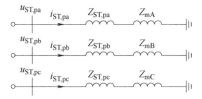

图 2-3　ST 一次绕组的三相等效电路

ST 二次绕组的三相等效电路如图 2-4 所示，从该系统送端到受端，根据基尔霍夫电压定律可列写如下方程

$$\begin{cases} u_{ST,sa1}+u_{ST,sb1}+u_{ST,sc1}=u_{sa}-i_{ST,a}Z_s-i_{ST,sa}(Z_{ST,sa}+Z_{TL}+Z_r)-u_{ra} \\ u_{ST,sa2}+u_{ST,sb2}+u_{ST,sc2}=u_{sb}-i_{ST,b}Z_s-i_{ST,sb}(Z_{ST,sb}+Z_{TL}+Z_r)-u_{rb} \\ u_{ST,sa3}+u_{ST,sb3}+u_{ST,sc3}=u_{sc}-i_{ST,c}Z_s-i_{ST,sc}(Z_{ST,sc}+Z_{TL}+Z_r)-u_{rc} \end{cases} \tag{2-15}$$

式中，u_{ra}、u_{rb}、u_{rc} 为该系统受端电压；$Z_{ST,sa}$、$Z_{ST,sb}$、$Z_{ST,sc}$ 为 ST 二次绕组归算至一次侧的内阻抗；Z_{TL} 为线路归算至一次侧的阻抗；Z_r 为该输电系统受端归算至一次侧的阻抗。

单个变压器分接头档位与绕组匝数的关系为

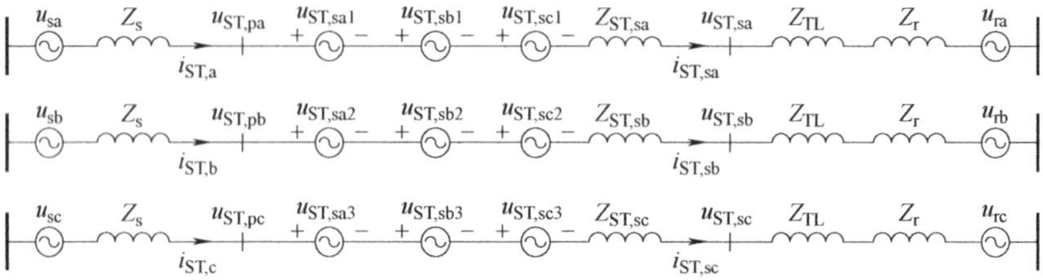

图 2-4　ST 二次绕组的三相等效电路

$$N = (1 + n_{tap} l_{step}) N_0 \qquad (2-16)$$

式中，N_0 为绕组的初始匝数；n_{tap} 为分接头档位；l_{step} 为分接头调压步长。

结合式（2-11）~式（2-16），将 ST 磁路等效计算模型和电路解析模型联立求解，可求出 ST 一次侧和二次侧共 12 个绕组的电压和电流，即为本章所提到的考虑多绕组耦合的 ST 电磁解析模型。

2.4　算例分析

2.4.1　算例 1：ST 电磁解析计算

利用本章所提到的模型，针对一台三相三柱式变压器模型进行了解析计算。为简化计算，在计算过程中不考虑铁心的饱和性和磁滞特性，即铁心磁导率为常数。通常来说，硅钢片的相对磁导率范围为 7000~10000，本例中所选取 ST 硅钢片的相对磁导率为 $\mu_r = 10000$。ST 和电气系统的主要参数见表 2-1。电压基准值为 138kV。

表 2-1　ST 和电气系统的主要参数

系 统 参 数	数　值
基准容量和基准电压	160MVA，138kV
送端线电压标幺值	1∠0°
受端线电压标幺值	1∠−20°
送端等效电源的串联阻抗	1.0053Ω，19.17mH
受端等效电源的串联阻抗	0Ω，0mH
输电线路阻抗	3.0159Ω，59.19mH
ST 的电阻和电抗	1.7854Ω，47.4mH
铁心长度/m	7.18

（续）

系统参数	数　值
铁心横截面积/m²	0.454
铁轭长度/m	2.66
铁轭横截面积/m²	0.454
ST 建模的单个变压器漏抗/mH	15.73
ST 一次侧匝数	64
ST 二次侧匝数	26
ST 分接头数	8
ST 分接头调压档位/步长（p. u.）	0.05
ST 分接头最高档位（p. u.）	0.4
分接头动作时间/（档/s）	0.5

对具有同样参数的三相三柱式变压器结构的 ST，分别采用不考虑多绕组耦合和考虑多绕组耦合的解析模型进行计算，得到 ST 各个绕组的电压和电流。解析计算电压结果比较和电流结果比较分别见表 2-2 和表 2-3。

表 2-2　不考虑和考虑多绕组耦合的 ST 解析计算电压结果比较

绕组电压	不考虑绕组耦合		考虑绕组耦合		差　异	
	模/kV	相角（°）	模/kV	相角（°）	模/%	相角（°）
$U_{ST,pa}$	135.5	4.2	132.9	5.0	-1.92	0.8
$U_{ST,pb}$	135.5	-115.8	136.2	-119.7	0.52	-3.9
$U_{ST,pc}$	135.5	124.2	137.6	125.4	1.55	1.2
$U_{ST,sa1}$	55.2	-2.2	55.8	-1.5	1.09	0.7
$U_{ST,sb1}$	55.2	-122.2	55.0	-120.4	-0.36	1.8
$U_{ST,sc1}$	55.2	117.8	54.7	121.1	-0.91	3.3
$U_{ST,sa2}$	55.2	-2.2	52.0	-5.2	-5.80	-3.0
$U_{ST,sb2}$	55.2	-122.2	52.0	-124.7	-5.80	-2.5
$U_{ST,sc2}$	55.2	117.8	52.1	115.8	-5.62	-2.0
$U_{ST,sa3}$	55.2	-2.2	56.6	-9.2	2.54	-7
$U_{ST,sb3}$	55.2	-122.2	56.5	-127.8	2.36	-5.6
$U_{ST,sc3}$	55.2	117.8	57.1	113.5	3.44	-4.3

表 2-3 不考虑和考虑多绕组耦合的 ST 解析计算电流结果比较

支路电流	不考虑绕组耦合		考虑绕组耦合		差 异	
	模/A	相角（°）	模/A	相角（°）	模/%	相角（°）
$I_{ST,pa}$	13.8	−90.7	13.8	−90.7	0	0
$I_{ST,pb}$	13.8	149.3	13.8	149.3	0	0
$I_{ST,pc}$	13.8	29.3	13.8	29.3	0	0
$I_{ST,sa}$	226.7	−91.8	226.3	−89.4	−0.18	2.4
$I_{ST,sb}$	226.7	148.2	223.6	148.2	−1.37	0
$I_{ST,sc}$	226.7	28.2	230.4	25.9	1.63	−2.3
$I_{ST,a}$	240.4	−91.7	240.1	−89.5	−0.12	2.2
$I_{ST,b}$	240.4	148.3	237.4	148.3	−1.25	0
$I_{ST,c}$	240.4	28.3	244.2	26.1	1.58	−2.2

从表 2-2 和表 2-3 可知，与不考虑多绕组耦合的解析结果相比，考虑多绕组耦合效应后，电压幅值差异范围为−5.80%~3.44%，电压相角差异范围为−7°~3.3°；电流幅值差异范围为−1.37%~1.63%，电流相角差异范围为−2.3°~2.4°。因此，考虑多绕组耦合效应对解析计算结果的影响不大，但也不宜忽视。究其原因，在考虑相间磁耦合的情况下，由于铁轭的存在，三相三柱式变压器结构的三相等效磁路的长度不相等，导致相间互感系数不对称，进而引起绕组电压和支路电流的结果不平衡。如果忽略，将导致 ST 绕组电压和支路电流结果不准确。

上述分析了 ST 采用三相三柱式变压器结构的磁路对绕组电压和电流的影响，下面将分析 ST 采用三相组式变压器结构和三相芯式变压器三角形结构相间互感对绕组电压和电流的影响，其铁心结构如图 2-5 所示。

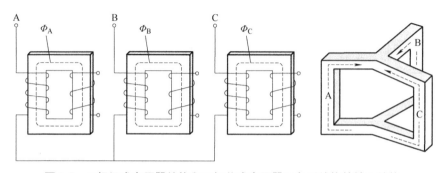

图 2-5 三相组式变压器结构和三相芯式变压器三角形结构的铁心结构

若 ST 铁心采用三相组式变压器结构，则三相磁路各自独立，彼此无关，没有相间互感影响，因此不存在三相电压和电流结果不平衡现象。但其存在材料消耗大、价格昂贵、占地面积大等缺点。ST 采用三相组式变压器结构的解析计算结果即为表 2-2 和表 2-3 中不考虑绕组耦合的计算结果。若 ST 采用三相芯式变压器三角形结构，因为 3 个铁心柱之间的距离彼此相等，各相铁心的等效磁路长度相同，相间互感耦合作用也相同，所以在 ST 运行过程中也不会出现三相电压和电流不平衡的现象。此外，三相芯式变压器三角形结构有节省材料、价格便宜、维护简单等优点，但也存在制造不方便的缺点。三相组式变压器结构的 ST 与三相芯式变压器三角形结构的 ST 最大的区别在于三相组式变压器结构的 ST 没有磁耦合效应，而三相芯式变压器三角形结构的 ST 有磁耦合效应，且磁场的拓扑对称。

为了探究不同铁磁材料对 ST 绕组电压和电流的影响，本算例将不同的相对磁导率带入本章所提电磁解析模型进行解析计算，得到 ST 二次绕组电压和电流随不同相对磁导率变化的曲线图，如图 2-6 所示。

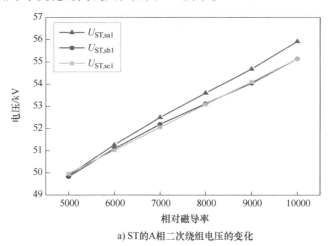

a) ST 的 A 相二次绕组电压的变化

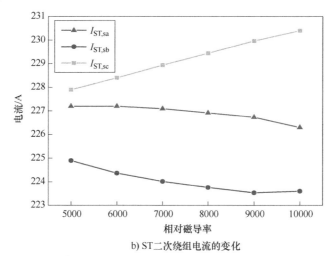

b) ST 二次绕组电流的变化

图 2-6　ST 二次绕组电压和电流随不同相对磁导率变化的曲线图

从图 2-6 可以看出，随着铁磁材料相对磁导率的增加，ST 的二次绕组电压会越来越高，但幅值变化不大；而 ST 的二次绕组电流会由于送端与受端电压的幅值和相角差异而有不同的变化。

2.4.2　算例2：ST 串联电压补偿时域仿真

为了验证 ST 解析模型的有效性及所求结果的合理性，对 ST 进行串联电压补偿仿真试验。ST 进行串联电压补偿时需注入期望补偿电压 $U_{ST,c}$ 和相角 β，本算例取基准电压 $U_B = 55\text{kV}$，基准电流 $I_B = 290\text{A}$，下文若未特殊说明，则均取标幺值。以串联电压补偿的 A 相电压结果 $U_{ST,ca}$ 为例：

1）按照参考文献［61］中的调压方式进行电压补偿，即当时间 $t < 5\text{s}$ 时，$U_{ST,ca} = 0$；当 $5\text{s} < t < 14\text{s}$ 时，$U_{ST,ca} = 0.2\angle120°$；当 $14\text{s} < t < 23\text{s}$ 时，$U_{ST,ca} = 0.2\angle60°$；当 $23\text{s} < t < 32\text{s}$ 时，$U_{ST,ca} = 0.4\angle60°$。按照方式 1 注入串联电压 $U_{ST,ca}$ 的幅值、相角和二次绕组电流的变化如图 2-7 所示。其中 max 表示最大幅值，min 表示最小幅值。

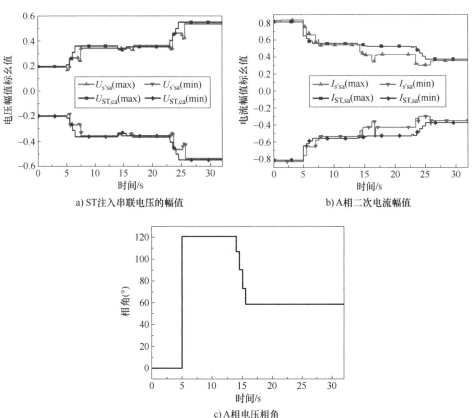

a) ST 注入串联电压的幅值　　　b) A 相二次电流幅值

c) A 相电压相角

图 2-7　ST 注入串联电压的幅值、相角和二次绕组电流的变化（方式 1）

2）按照参考文献［58］中的调压方式进行电压补偿，即当 $t<0.5\mathrm{s}$ 时，$U_{\mathrm{ST,ca}}=0$；当 $0.5\mathrm{s}<t<3.5\mathrm{s}$ 时，$U_{\mathrm{ST,ca}}=0.25\angle0°$；当 $3.5\mathrm{s}<t<7.5\mathrm{s}$ 时，$U_{\mathrm{ST,ca}}=0.4\angle240°$。按照方式 2 注入串联电压 $U_{\mathrm{ST,ca}}$ 的幅值和相角变化如图 2-8 所示。此外，参考文献［61］与文献［58］中注入串联电压 $U_{\mathrm{s's a}}$ 的响应情况也分别展示于图 2-7 和图 2-8 中，以便与本章所提解析模型所得响应情况进行对比。

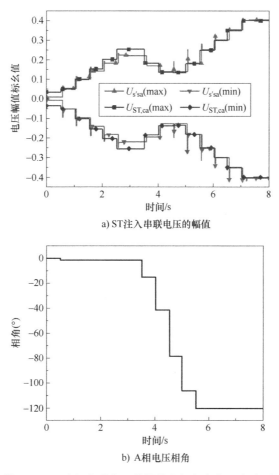

a) ST 注入串联电压的幅值

b) A 相电压相角

图 2-8　ST 注入串联电压的幅值和相角变化（方式 2）

图 2-7 和图 2-8 的对比结果表明，分别按照参考文献［61］和参考文献［58］的分接头调节方式，本章所得串联电压补偿的响应结果 $U_{\mathrm{ST,ca}}$ 与参考文献［61］和参考文献［58］中的试验结果 $U_{\mathrm{s's a}}$ 趋势基本一致，所对应的二次绕组电流结果 $I_{\mathrm{ST,sa}}$ 与参考文献［61］中的二次绕组电流 $I_{\mathrm{s's a}}$ 变化规律基本相同，从而验证了本章所提电磁解析模型的有效性及所得结果的合理性。

对比图 2-7 和图 2-8 的串联电压补偿结果，本章与参考文献［61］和参考文

献 [58] 的电压响应结果之间存在一定的差异。究其原因，参考文献 [61] 没有考虑绕组之间的磁耦合效应；参考文献 [58] 在考虑磁耦合效应的基础上，还考虑了铁磁材料的非线性。而本章考虑 ST 通常工作于铁磁材料的线性段，故暂未考虑铁磁材料的非线性，以便于验证所提解析模型的有效性。

2.5　本章小结

本章基于 UMEC 提出了一种适用于三相三柱式变压器结构的考虑多绕组耦合的 ST 电磁解析模型。借助一个三相三柱式变压器结构的 ST，通过比较电磁解析计算结果与现有 ST 串联电压补偿仿真结果，证明了所提模型的有效性。结论如下：

1）从磁路的角度出发，采用 UMEC 能够考虑 ST 铁心的拓扑，表征出三相三柱式变压器结构磁路的不对称性，能更精确地反映 ST 内部的电磁特性。

2）从电磁耦合的角度出发，考虑多绕组磁耦合效应后对解析计算结果的影响不大，但也不宜忽视，只有个别绕组电压和支路电流的幅值及相角有较明显的改变，但幅值差异小于或等于6%，相角差异小于或等于7°。

3）从模型适用性的角度出发，所提出的电磁解析模型仅适用于三相三柱式变压器结构的 ST。而三相芯式变压器三角形结构、三相四柱式以至三相五柱式等变压器结构的 ST 的电磁模型也值得进一步研究。

3

基于对偶原理的三相五柱式
SEN Transformer准稳态模型

3.1 三相五柱式 ST 的准稳态模型

3.1.1 工作原理

ST 的电气连接图如附录 D 图 D-1 所示，ST 一次绕组星形联结，并联接入电气系统送端母线，构成励磁单元；二次侧每相由 3 个带分接头的绕组组成，构成补偿电压单元。其中，A 相的二次绕组分别为 a_1、a_2、a_3，B 相的二次绕组分别为 b_1、b_2、b_3，C 相的二次绕组分别为 c_1、c_2、c_3。A 相的串联电压补偿 $U_{ST,A}$ 由分接头 a_1、b_1、c_1 处的电压 $U_{ST,a1}$、$U_{ST,b1}$、$U_{ST,c1}$ 组成，即 $U_{ST,A} = U_{ST,a1} + U_{ST,b1} + U_{ST,c1}$。由于 $U_{ST,a1}$、$U_{ST,b1}$、$U_{ST,c1}$ 之间互差 120°，因此可以通过调控二次侧分接头位置的方式来改变三个补偿电压单元的组合方式，进而达到调控 A 相串联电压补偿 $U_{ST,A}$ 的目的，改变 ST 的输出电压 $U_{S'A}$。同理，B 相、C 相的串联电压补偿 $U_{ST,B}$、$U_{ST,C}$ 亦可通过调控分接头的位置来调节。此外，为使 ST 的串联电压补偿三相对称，应保证在任意时刻，a_1、b_2、c_3 投入运行的绕组匝数相等，b_1、c_2、a_3 投入运行的绕组匝数相等，以及 c_1、a_2、b_3 投入运行的绕组匝数相等。

3.1.2 三相五柱式 ST 的磁路结构分析

三相五柱式 ST 的铁心线圈结构及磁通分布如图 3-1 所示，图 3-1 中实心柱体表示 A、B、C 三相的一次绕组，斜条纹柱体表示 A、B、C 三相的二次绕组。图 3-1 中 Φ_A、Φ_B、Φ_C 分别表示 ST 的励磁主磁通；Φ_{y1}、Φ_{y2} 分别表示 A、B 相之间、B、C 相之间铁轭的磁通；Φ_{g1}、Φ_{g2} 分别表示旁柱和旁轭的磁通。Φ_{a1}、Φ_{b1}、Φ_{c1} 分别表示铁心柱及与其相邻绕组之间的漏磁通；Φ_{a2}、Φ_{b2}、Φ_{c2}、Φ_{a3}、Φ_{b3}、Φ_{c3}、Φ_{a4}、Φ_{b4}、Φ_{c4} 分别表示相邻绕组之间的漏磁通。

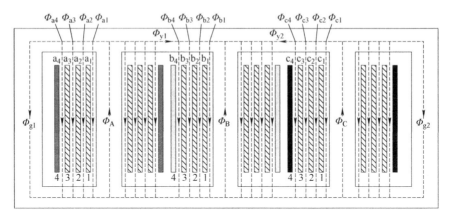

图 3-1　三相五柱式 ST 的铁心线圈结构及磁通分布

　　根据图 3-1 的磁通分布可以得到图 3-2 所示的三相五柱式 ST 的等效磁路。其中，F_{HA}、F_{HB}、F_{HC} 分别表示流过 ST 一次绕组 a_4、b_4、c_4 的电流所产生的磁动势；$F_{La1} \sim F_{La3}$、$F_{Lb1} \sim F_{Lb3}$、$F_{Lc1} \sim F_{Lc3}$ 分别表示流过 ST 二次绕组 $a_1 \sim a_3$、$b_1 \sim b_3$、$c_1 \sim c_3$ 的电流所产生的磁动势。R_{am}、R_{bm}、R_{cm} 分别表示 ST 三相铁心柱励磁主磁通路径上的非线性磁阻；R_{y1}、R_{y2} 分别表示 A、B 相，B、C 相之间铁轭磁通路径上的非线性磁阻；R_{g1}、R_{g2} 分别表示 ST 旁轭与旁柱磁通路径上的非线性磁阻。R_{a1}、R_{b1}、R_{c1} 分别表示铁心柱及与其相邻绕组之间漏磁通路径上的漏磁阻；R_{a2}、R_{b2}、R_{c2}、R_{a3}、R_{b3}、R_{c3}、R_{a4}、R_{b4}、R_{c4} 分别表示相邻绕组之间漏磁通路径上的漏磁阻；R_{q1}、R_{q2} 分别表示空气中 AB 相、BC 相之间与铁轭平行的漏磁阻；R_{d1}、R_{d2} 分别表示空气中与旁柱和旁轭平行的漏磁阻。

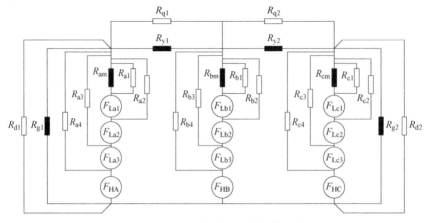

图 3-2　三相五柱式 ST 的等效磁路

3.1.3　三相五柱式 ST 的计算模型

采用对偶原理,主磁通在铁心、铁轭以及旁柱部分的磁通路径而产生的磁阻可等效成非线性电感;漏磁通在空气中的磁通路径而产生的磁阻可等效成线性电感。本书附录 D 图 D-2 所示为使用对偶原理后得到的描述三相五柱式 ST 基本电磁关系的等效电路模型。

在该等效电路模型中,三相五柱式 ST 的铁心用一个考虑铁磁磁滞及饱和的非线性电感 L_{am}、L_{bm}、L_{cm} 及与其并联的反映铁心损耗的电阻 R_{am}、R_{bm}、R_{cm} 表示。铁轭部分同铁心部分类似,也是用一个考虑铁磁磁滞及饱和的非线性电感 L_{y1}、L_{y2} 以及与其并联的反映铁心损耗的电阻 R_{y1}、R_{y2} 表示。旁柱部分也类似,用一个考虑铁磁磁滞及饱和的非线性电感 L_{g1}、L_{g2} 以及与其并联的反映铁心损耗的电阻 R_{g1}、R_{g2} 表示。其中,R_A,R_B,R_C 分别表示一次绕组的电阻;R_{La1}、R_{Lb1}、R_{Lc1}、R_{La2}、R_{Lb2}、R_{Lc2}、R_{La3}、R_{Lb3}、R_{Lc3} 分别表示二次绕组的电阻;线性电感 L_{f12}、L_{f23}、L_{f34}($f=a$、b、c)分别表示各相绕组间的漏感;L_{d1}、L_{d2}、L_{q1}、L_{q2}、L_{a1}、L_{b1}、L_{c1} 分别表示铁心磁通在空气中的漏感;N_H 表示一次绕组的匝数,$N_{La1} \sim N_{La3}$、$N_{Lb1} \sim N_{Lb3}$、$N_{Lc1} \sim N_{Lc3}$ 分别表示各相二次绕组的匝数。

由附录 D 中图 D-2 的等效电路模型,可列写如下节点电压方程

$$\begin{bmatrix} I_{ST,s1} \\ I_{ST,s2} \\ \vdots \\ I_{ST,s13} \end{bmatrix} = \begin{bmatrix} y_{1,1} & y_{1,2} & \cdots & y_{1,13} \\ y_{2,1} & y_{2,2} & \cdots & y_{2,13} \\ \vdots & \vdots & & \vdots \\ y_{13,1} & y_{13,2} & \cdots & y_{13,13} \end{bmatrix} \begin{bmatrix} U_a \\ U_b \\ \vdots \\ U_m \end{bmatrix} \tag{3-1}$$

式中,$I_{ST,s1} \sim I_{ST,s13}$ 为各节点的注入电流;$y_{1,1} \sim y_{13,13}$ 为各支路的导纳;$U_a \sim U_m$ 为各节点对地电压。其中,$y_{1,1} \sim y_{13,13}$ 的具体表达见附录 E 中 E-1。

3 个理想变压器 T_A、T_B、T_C 的电压电流与匝数的关系为

$$\begin{cases} \boldsymbol{I}_{ST,P} = \boldsymbol{I}_{ST,p} \\ \boldsymbol{U}_{ST,P} = \boldsymbol{U}_{ST,p} \end{cases} \tag{3-2}$$

式中,$\boldsymbol{I}_{ST,P}$ 与 $\boldsymbol{I}_{ST,p}$ 分别为 3 个理想变压器 T_A、T_B、T_C 的一次侧电流矩阵和二次侧电流矩阵;$\boldsymbol{U}_{ST,P}$ 与 $\boldsymbol{U}_{ST,p}$ 分别为 3 个理想变压器 T_A、T_B、T_C 的一次侧电压矩阵和二次侧电压矩阵。其中,矩阵 $\boldsymbol{I}_{ST,P}$、$\boldsymbol{I}_{ST,p}$、$\boldsymbol{U}_{ST,P}$、$\boldsymbol{U}_{ST,p}$ 的具体表达见附录 E 中 E-2。

9 个理想变压器 $T_{La1} \sim T_{La3}$、$T_{Lb1} \sim T_{Lb3}$、$T_{Lc1} \sim T_{Lc3}$ 的电压电流与匝数的关系为

$$\begin{cases} \boldsymbol{I}_{ST,S} = -\boldsymbol{K}^{-1} \boldsymbol{I}_{ST,s} \\ \boldsymbol{U}_{ST,S} = \boldsymbol{K} \boldsymbol{U}_{ST,s} \end{cases} \tag{3-3}$$

式中,$\boldsymbol{K}$ 为 9×9 的对角矩阵;$\boldsymbol{I}_{ST,S}$ 与 $\boldsymbol{I}_{ST,s}$ 分别为 9 个理想变压器 $T_{La1} \sim T_{La3}$、$T_{Lb1} \sim T_{Lb3}$、$T_{Lc1} \sim T_{Lc3}$ 的一次侧电流矩阵和二次侧电流矩阵;$\boldsymbol{U}_{ST,S}$ 与 $\boldsymbol{U}_{ST,s}$ 分别为 9 个理

想变压器 $T_{La1} \sim T_{La3}$、$T_{Lb1} \sim T_{Lb3}$、$T_{Lc1} \sim T_{Lc3}$ 的一次侧电压矩阵和二次侧电压矩阵。其中，矩阵 $\boldsymbol{K}$、$\boldsymbol{I}_{ST,S}$、$\boldsymbol{I}_{ST,s}$、$\boldsymbol{U}_{ST,S}$、$\boldsymbol{U}_{ST,s}$ 的具体表达见附录 E 中 E-3。此外，12 个理想变压器的电压补充方程为

$$
\begin{cases}
U_a - U_e = U_{ST,pa} \\
U_e - U_i = U_{ST,pb} \quad \text{a)} \\
U_i - U_m = U_{ST,pc}
\end{cases}
\qquad
\begin{cases}
U_b - U_e = U_{ST,sa1} \\
U_c - U_e = U_{ST,sa2} \quad \text{b)} \\
U_d - U_e = U_{ST,sa3}
\end{cases}
$$

$$
\begin{cases}
U_f - U_i = U_{ST,sb1} \\
U_g - U_i = U_{ST,sb2} \quad \text{c)} \\
U_h - U_i = U_{ST,sb3}
\end{cases}
\qquad
\begin{cases}
U_j - U_m = U_{ST,sc1} \\
U_k - U_m = U_{ST,sc2} \quad \text{d)} \\
U_l - U_m = U_{ST,sc3}
\end{cases}
\tag{3-4}
$$

式中，$U_{ST,pa}$、$U_{ST,pb}$、$U_{ST,pc}$ 分别为一次侧 3 个理想变压器二次侧的端电压；$U_{ST,sa1}$、$U_{ST,sb1}$、$U_{ST,sc1}$、$U_{ST,sa2}$、$U_{ST,sb2}$、$U_{ST,sc2}$、$U_{ST,sa3}$、$U_{ST,sb3}$、$U_{ST,sc3}$ 分别为二次侧 9 个理想变压器一次侧的端电压。

3.1.4 三相五柱式 ST 的电气解析模型

ST 的电气连接图如附录 D 中图 D-1 所示，其中一次侧并联接入送端，二次侧串联接入送端。根据外接系统电路和 ST 的电气连接关系可建立如下方程

$$
\begin{cases}
I_{ST,a} = I_{ST,sa} + I_{ST,PA} \\
I_{ST,b} = I_{ST,sb} + I_{ST,PB} \\
I_{ST,c} = I_{ST,sc} + I_{ST,PC}
\end{cases}
\tag{3-5}
$$

$$
\begin{cases}
U_{sa} = I_{ST,a} Z_s + U_{sA} \\
U_{sb} = I_{ST,b} Z_s + U_{sB} \\
U_{sc} = I_{ST,c} Z_s + U_{sC}
\end{cases}
\tag{3-6}
$$

式中，$I_{ST,a}$、$I_{ST,b}$、$I_{ST,c}$ 为系统的送端电流；$I_{ST,PA}$、$I_{ST,PB}$、$I_{ST,PC}$ 为 ST 一次侧并联电流；$I_{ST,sa}$、$I_{ST,sb}$、$I_{ST,sc}$ 为 ST 二次侧串联电流；U_{sa}、U_{sb}、U_{sc} 为系统送端电压；U_{sA}、U_{sB}、U_{sC} 分别为一次绕组所对应的端电压；Z_s 为外接系统的送端阻抗。

三相五柱式 ST 一次侧并联和二次侧串联 A、B、C 三相等效电路分别如附录 D 中图 D-3 和图 D-4 所示，由其电气关系可建立如下方程

$$
\begin{cases}
U_{sA} = I_{ST,PA} R_A + U_{ST,PA} \\
U_{sB} = I_{ST,PB} R_B + U_{ST,PB} \\
U_{sC} = I_{ST,PC} R_C + U_{ST,PC}
\end{cases}
\tag{3-7}
$$

式中，$U_{ST,PA}$、$U_{ST,PB}$、$U_{ST,PC}$ 分别为一次侧 3 个理想变压器一次侧的端电压。

$$
\begin{cases}
U_{sa} - I_{ST,a} Z_s + U_{ST,SA1} + U_{ST,SB1} + U_{ST,SC1} - I_{ST,sa}(Z_T + Z_r + R_{L1}) - U_{ra} = 0 \\
U_{sb} - I_{ST,b} Z_s + U_{ST,SA2} + U_{ST,SB2} + U_{ST,SC2} - I_{ST,sb}(Z_T + Z_r + R_{L2}) - U_{rb} = 0 \\
U_{sc} - I_{ST,c} Z_s + U_{ST,SA3} + U_{ST,SB3} + U_{ST,SC3} - I_{ST,sc}(Z_T + Z_r + R_{L3}) - U_{rc} = 0
\end{cases}
\tag{3-8}
$$

式中，$U_{\mathrm{ST,SA1}}$、$U_{\mathrm{ST,SB1}}$、$U_{\mathrm{ST,SC1}}$、$U_{\mathrm{ST,SA2}}$、$U_{\mathrm{ST,SB2}}$、$U_{\mathrm{ST,SC2}}$、$U_{\mathrm{ST,SA3}}$、$U_{\mathrm{ST,SB3}}$、$U_{\mathrm{ST,SC3}}$ 分别为二次侧 9 个理想变压器二次侧的端电压；Z_{T} 为线路阻抗；Z_{r} 为外接系统的受端阻抗；R_{L1}、R_{L2}、R_{L3} 为二次绕组的等效电阻。其中：$R_{\mathrm{L1}}=R_{\mathrm{La1}}+R_{\mathrm{Lb1}}+R_{\mathrm{Lc1}}$；$R_{\mathrm{L2}}=R_{\mathrm{La2}}+R_{\mathrm{Lb2}}+R_{\mathrm{Lc2}}$；$R_{\mathrm{L3}}=R_{\mathrm{La3}}+R_{\mathrm{Lb3}}+R_{\mathrm{Lc3}}$。

这样，式（3-1）~ 式（3-8）即为三相五柱式 ST 的准稳态模型，联立求解式即可得到三相五柱式 ST 一次侧和二次侧共 12 个绕组的电压和电流。

3.2　模型参数计算

附录 D 图 D-2 计算模型中的电路参数如绕组间的漏抗、反映铁心损耗的电阻等一般可以通过实验计算得到。若没有实际样机，则可以通过变压器设计尺寸来对其电磁特性进行模拟。

3.2.1　铁心参数

硅钢片在交变的磁场中会感应出涡流，考虑涡流效应后，可用复磁导率来描述铁心属性。基于对偶原理，等效磁路中反映铁心属性的非线性磁阻 R 可用一个等效非线性电感 L_{eq} 和电阻 R_{eq} 并联来表示。

$$\begin{cases} L_{\mathrm{eq}}=\mathrm{Re}\left(N^2\mu_{\mathrm{r}}\mu_0 wd\tanh(p)/(ps)\right) \\ R_{\mathrm{eq}}=\mathrm{Im}\left(N^2\mu_{\mathrm{r}}\mu_0 wd\tanh(p)/(ps)\right) \end{cases} \tag{3-9}$$

式中，d 为硅钢片厚度；s 为硅钢片长度；w 为硅钢片的宽度；μ_{r} 为相对磁导率；μ_0 为真空磁导率；N 为绕组匝数。其中 $p=\gamma d/2$，$\gamma=\sqrt{j\omega\sigma\mu_0\mu_{\mathrm{r}}}$，$\sigma$ 为硅钢片电导率；ω 为频率。

3.2.2　电感参数

三相五柱式 ST 绕组的几何排列和尺寸如图 3-3 所示。变压器绕组间漏感可以通过变压器设计尺寸来进行计算：

$$\begin{cases} L_{\mathrm{s12}}=\dfrac{\mu_0 N_1^2}{l_{\mathrm{c}}}\left(\dfrac{2\pi r_1 d_1}{3}+2\pi r_{12}d_{12}+\dfrac{2\pi r_2 d_2}{3}\right) \\[3mm] L_{\mathrm{s23}}=\dfrac{\mu_0 N_2^2}{l_{\mathrm{c}}}\left(\dfrac{2\pi r_2 d_2}{3}+2\pi r_{23}d_{23}+\dfrac{2\pi r_3 d_3}{3}\right) \\[3mm] L_{\mathrm{s34}}=\dfrac{\mu_0 N_3^2}{l_{\mathrm{c}}}\left(\dfrac{2\pi r_3 d_3}{3}+2\pi r_{34}d_{34}+\dfrac{2\pi r_4 d_4}{3}\right) \end{cases} \tag{3-10}$$

式中，L_{s12}、L_{s23}、L_{s34} 为绕组 a_1 与 a_2、绕组 a_2 与 a_3、绕组 a_3 与 a_4 之间的漏感；

μ_0 为真空磁导率；N_1、N_2、N_3 为绕组匝数；l_c 为磁通路径的平均长度；$r_1 \sim r_4$ 为绕组的平均半径；r_{12}、r_{23}、r_{34} 为两绕组之间的平均半径；$d_1 \sim d_4$ 为四个绕组的厚度；d_{12}、d_{23}、d_{34} 为绕组 a_1 与 a_2、绕组 a_2 与 a_3、绕组 a_3 与 a_4 之间的距离。

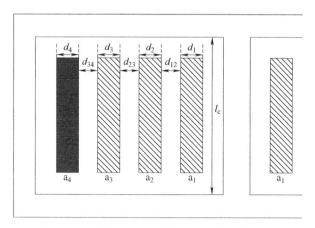

图 3-3　三相五柱式 ST 绕组的几何排列和尺寸

3.3　算例分析

为简化计算，在计算过程中不考虑铁心饱和特性和磁滞特性，即铁心磁导率为常数。一般来说，硅钢片的厚度范围为 0.23 ~ 0.35mm，相对磁导率范围为 7000 ~ 10000，本章取 ST 硅钢片厚度为 0.3mm，相对磁导率 $\mu_r = 10000$ 来计算。外接电气系统参数和三相五柱式 ST 结构参数见附录 F 表 F-1 和表 F-2。

3.3.1　算例 1：模型验证

1. 三相五柱式 ST 的功率调节

为验证所提模型的有效性，接下来对一个三相五柱式 ST 进行解析计算。当 ST 的串联电压补偿从 0.1 ~ 0.4p.u. 阶跃变化，相角 β 在 0° ~ 360°变化时，受端的有功功率 P_r 和无功功率 Q_r 的关系如图 3-4 所示。

图 3-4 的结果表明，随着注入不同的串联电压补偿幅值和相角，所提模型的有功功率 P_r 和无功功率 Q_r 可呈现四象限变化，从而验证了所提模型的有效性。然而，该 P_r-Q_r 曲线与正六边形存在一定的差异。究其原因，或由于注入串联电压补偿过程中线路中出现的负载波动，随着分接头位置的变动导致补偿点处的戴维南等效阻抗也出现变化以及 ST 励磁单元处并联负载发生变化等因素所导致。

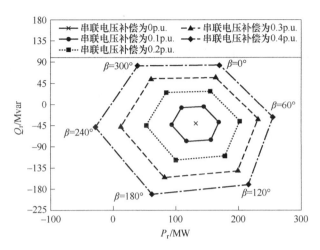

图 3-4　三相五柱式 ST 在注入不同电压幅值和相角下的
有功功率 P_r 与无功功率 Q_r 的关系

2. 三相五柱式 ST 的串联电压补偿调节

以 A 相串联电压补偿 $U_{ST,A}$ 和相角 β 为例，按照参考文献［62］中的电压调节方式进行电压补偿。参考文献［61］通过预设不同时间段理想串联电压补偿的幅值和相角：当 $t < 5s$ 时，$U_{ST,A} = 0p.u.$，$\beta = 0°$；当 $5s < t < 14s$ 时，$U_{ST,A} = 0.2p.u.$，$\beta = 120°$；当 $14s < t < 23s$ 时，$U_{ST,A} = 0.2p.u.$，$\beta = 60°$；当 $23s < t < 32s$ 时，$U_{ST,A} = 0.4p.u.$，$\beta = 60°$。借助 PSCAD/EMTDC 搭建 ST 仿真模型，在 $0s < t < 32s$ 时间段内根据设定的不同补偿电压，得到了分接开关切换过程中串联电压补偿 $V_{s'sa}$ 和二次绕组电流 I_a 的变化过程。三相五柱式 ST 注入串联电压的幅值和二次绕组电流的变化如图 3-5 所示，为方便与本章所提模型的串联电压补偿 $U_{ST,A}$ 对比分析，把参考文献［62］中的串联电压补偿 $U_{s'sa}$ 也展现在图 3-5 中。

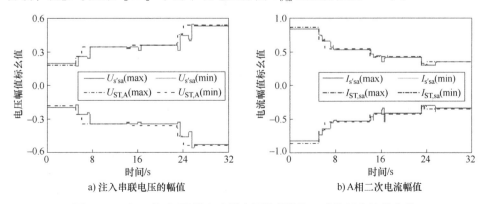

a) 注入串联电压的幅值　　　　　　　　　　b) A 相二次电流幅值

图 3-5　三相五柱式 ST 注入串联电压的幅值和二次绕组电流的变化

图 3-5 的对比结果表明，本章按照参考文献［62］的电压调节方式所得的串联电压补偿 $U_{ST,A}$ 和二次绕组电流 $I_{ST,sa}$ 与参考文献［61］试验得出的 $U_{s's a}$ 和 $I_{s's a}$ 趋势基本相同，进一步验证了所提模型的有效性。然而，本章的串联电压补偿结果与参考文献［61］的串联电压补偿和功率调节试验结果存在一定差异。究其原因，参考文献［61］的 ST 铁心结构为 9 个单相变压器组成，三相磁路彼此无关，因此没有考虑铁心磁通之间的相互耦合。而本章所提三相五柱式 ST 模型不仅考虑了磁路之间的相互耦合，还考虑了铁心涡流效应的影响。

3.3.2 算例 2：三相五柱式 ST 在故障情况下的短路电流

为了进一步研究三相五柱式 ST 在补偿状态下发生不同故障的短路电流，以 $U_{ST,A}=0.2$ p. u.，$\beta=60°$ 补偿状态为例，利用本章所提模型以及在 MATLAB/Simulink 中搭建仿真模型，对三相五柱式 ST 出口处发生 A 相接地短路、AB 相接地短路、AB 相间短路以及 ABC 相间短路故障进行解析和仿真计算。仿真参数见附录 F 中表 F-1 和表 F-2，仿真时间设为 1s，故障发生在 0.5s，A 相短路故障时仿真与解析电流如图 3-6 所示，AB 相接地短路、AB 相间短路以及 ABC 相间短路故障时仿真与解析电流如附录 D 中图 D-5 所示。

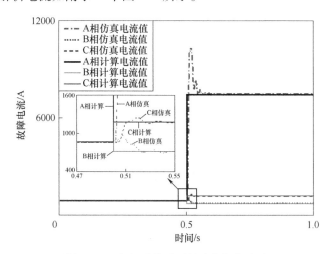

图 3-6　A 相短路故障时仿真与解析电流

从图 3-6 以及附录 D 中图 D-5 的结果可知，在 ST 出口发生短路故障前，本章所提模型计算结果与仿真结果基本一致，其稳态电流的误差不超过 0.45%；在 ST 出口处发生 A 相接地短路、AB 相接地短路、AB 相间短路以及 ABC 相间短路故障时，其 A 相峰值电流分别为：10353.6A、11708.11A、10388.41A、12625.89A；在 ST 出口处发生故障之后，所提模型计算结果与仿真结果基本相同，其稳态电流的最大误差发生在 A 相接地短路，其误差不超过 0.65%。利用本章所提模型得到的短路电流与仿真模型得到的短路电流吻合度较好，这进一步表明所提模型在补偿状态下对不同短路故障情况均是有效的。

3.3.3　算例 3：不同铁心结构的 ST 在不平衡负载情况下的比较

为了比较两种铁心结构的 ST 在不平衡负载情况下的适用情况，对处于不同补偿状态下的三柱式 ST 与五柱式 ST 进行了不平衡负载工况下的解析计算。三相不平衡负载：$Z_a = (48+12.44i) \Omega$；$Z_b = (63+12.44i) \Omega$；$Z_c = (98+12.44i) \Omega$。不同铁心结构 ST 输出电流不平衡度之间的比较如图 3-7 所示。

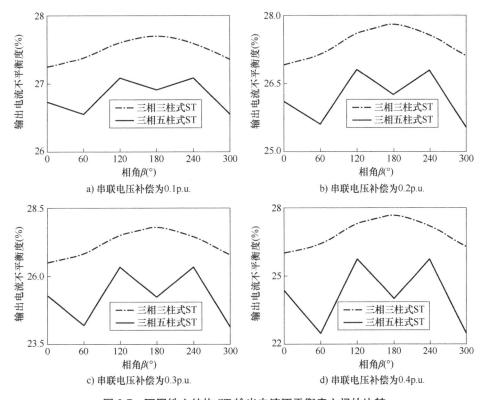

图 3-7　不同铁心结构 ST 输出电流不平衡度之间的比较

从图 3-7 的结果可知，当串联电压补偿的幅值从 0.1~0.4p. u. 阶跃变化，相角在 0°~360°范围变化时：三柱式 ST 与五柱式 ST 输出电流不平衡度的范围分别为 26.04% ~ 27.812%、22.45% ~ 27.086%，且输出电流不平衡度的差异从 0.504%增到 3.895%，表明五柱式 ST 相较于三柱式 ST 在不平衡负载工况下，输出电流的平衡度较好。究其原因，当 ST 工作在不平衡负载时，对于三柱式铁心结构，零序磁通只能通过油箱完成它的路径，而对于五柱式铁心结构，零序磁通则可以通过由旁柱和旁轭提供的低磁阻路径形成回路，使得五柱式铁心结构的磁通分布比三柱式铁心结构的磁通分布较为对称，导致输出电流的不平衡度较低。因此，五柱式 ST 比三柱式 ST 更适用于不平衡负载的情况。

3.4 结论

本章采用对偶原理推导了计及铁心涡流效应和磁路耦合效应的一个三相五柱式 ST 准稳态模型。算例在一个 138kV、160MVA 的三相五柱式 ST 及其电气系统中展开，与现有文献所得功率、电压、电流等潮流控制结果，以及与 MATLAB/Simulink 仿真模型所得故障电流结果的比较表明了所提模型的有效性。同时得到以下结论：

1）从模型适用性的角度来看，本章利用对偶原理，可实现由三相五柱式 ST 的等效磁路得到其等效电路，能够保证其拓扑的正确性，对于不同铁心结构的 ST 有较强的适用性。

2）从电磁耦合的角度来看，本章所提模型能够考虑 ST 相间的磁耦合作用、绕组间漏磁通作用以及涡流效应，能够较为准确地反映 ST 的内在电磁特性。

3）从铁心结构的角度来看，不同铁心结构的 ST 对输出电流的不平衡度有一定的影响，当不平衡负载较为严重时，五柱式 ST 的输出电流不平衡度要好于三柱式 ST，但本例差异未超过 4%。

第4章

基于UMEC的双芯SEN Transformer电磁暂态模型

4

4.1 TCST 的结构与原理

TCST 的基本拓扑如图 4-1 所示，TCST 励磁变压器一次侧星形联结，并联接入电气系统的送端，二次侧每相由 3 个带有载分接开关的绕组组成，构成补偿电压调节单元。串联变由 3 个单相双绕组变压器组成，一次侧与励磁变压器二次侧相连，二次侧串联接入电气系统。A 相二次绕组分别为 a_1、a_2、a_3，B 相二次绕组分别为 b_1、b_2、b_3，C 相二次绕组分别为 c_1、c_2、c_3。其中，绕组 a_1、b_1、c_1 组成励磁变压器二次侧 A 相输出电压 V_{Ea}，即 $V_{Ea} = V_{a1} + V_{b1} + V_{c1}$，$V_{Ea}$ 经过串联变压器感应至线路，形成串联补偿电压 ΔV_A。由于 V_{a1}、V_{b1}、V_{c1} 之间相角互差 $120°$，通过调节励磁变压器二次绕组的分接头位置，进而改变串联补偿电压 ΔV_A，实现控制线路潮流的目的。同理，亦可实现 B 相、C 相的潮流调节。

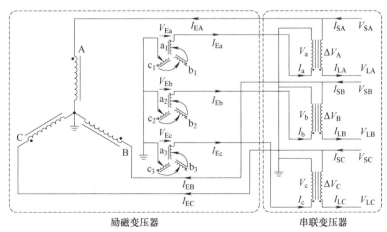

图 4-1 TCST 的基本拓扑

4.2 TCST 的电磁暂态模型

由于 TCST 由两个铁心组成，建模时，先将 TCST 分为串联变压器和励磁变压器两部分，分别建立其电磁暂态模型，再根据其内部电气连接将两个模型结合，从而得到 TCST 的电磁暂态模型。

4.2.1 TCST 串联变压器的电磁暂态模型

TCST 的串联变压器采用三相组式结构，其单相等效磁路如图 4-2 所示。其中 $N_a I_a$、$N_A I_{LA}$ 分别为串联变压器一次绕组和二次绕组的电流产生的磁动势；N_a、N_A 为励磁变压器一次侧和二次侧的匝数；P_a、P_A 分别为串联变压器一次绕组和二次绕组的铁心磁导；P_{aA} 为铁轭磁导；P_{a1}、P_{A1} 分别为串联变压器一次绕组和二次绕组的漏磁导；$\varPhi_a$、$\varPhi_A$ 分别为流过一次绕组和二次绕组的磁通；$\varPhi_{aA}$ 为流过铁轭的磁通；$\varPhi_{a1}$、$\varPhi_{A1}$ 分别为一次绕组和二次绕组的漏磁通。

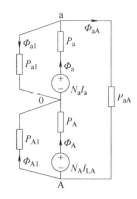

图 4-2　串联变压器单相等效磁路

TCST 的串联变压器单相等效磁路中磁通与磁导、磁动势之间的关系满足以下矩阵方程

$$\boldsymbol{\varPhi} = \boldsymbol{P}(\boldsymbol{NI} - \boldsymbol{\theta}') \tag{4-1}$$

式中，$\boldsymbol{\varPhi}$ 为各绕组支路构成的磁通矩阵；$\boldsymbol{P}$ 为各励磁支路构成的磁导矩阵；$\boldsymbol{N}$、$\boldsymbol{I}$ 分别为绕组匝数和绕组电流构成的矩阵；$\boldsymbol{\theta}'$ 为各励磁支路的磁动势矩阵。

根据 Gauss 磁路定律，有

$$\begin{cases} \varPhi_a - \varPhi_{aA} - \varPhi_{a1} = 0 \\ -\varPhi_A + \varPhi_{aA} - \varPhi_{A1} = 0 \end{cases} \tag{4-2}$$

转化成矩阵形式可得：

$$\boldsymbol{A}^{\mathrm{T}}\boldsymbol{\varPhi} = \boldsymbol{0} \tag{4-3}$$

支路磁动势与节点磁动势的关系为

$$\begin{cases} \theta'_a = \theta_a \\ \theta'_A = -\theta_A \\ \theta'_{aA} = -\theta_a + \theta_A \\ \theta'_{a1} = -\theta_a \\ \theta'_{A1} = -\theta_A \end{cases} \tag{4-4}$$

转化成矩阵形式可得：

$$\boldsymbol{\theta'} = \boldsymbol{A\theta} \tag{4-5}$$

联立式（4-1）、式（4-3）和式（4-5）可得：

$$\boldsymbol{\Phi} = \boldsymbol{QPNI} \tag{4-6}$$

其中，$\boldsymbol{Q} = \boldsymbol{E} - \boldsymbol{PA}(\boldsymbol{A}^\mathrm{T}\boldsymbol{PA})^{-1}\boldsymbol{A}^\mathrm{T}\boldsymbol{P}$，$\boldsymbol{E}$ 为单位矩阵。

将式（4-6）展开写成

$$\begin{bmatrix} \boldsymbol{\Phi}_{\mathrm{MA}} \\ \boldsymbol{\Phi}_{\mathrm{NA}} \end{bmatrix} = \begin{bmatrix} \boldsymbol{Q}_{\mathrm{MMA}} & \boldsymbol{Q}_{\mathrm{MNA}} \\ \boldsymbol{Q}_{\mathrm{NMA}} & \boldsymbol{Q}_{\mathrm{NNA}} \end{bmatrix} \begin{bmatrix} \boldsymbol{P}_{\mathrm{MA}} & \boldsymbol{0} \\ \boldsymbol{0} & \boldsymbol{P}_{\mathrm{NA}} \end{bmatrix} \begin{bmatrix} \boldsymbol{N}_{\mathrm{MA}}\boldsymbol{I}_{\mathrm{MA}} \\ \boldsymbol{0} \end{bmatrix} \tag{4-7}$$

式中，$\boldsymbol{\Phi}_{\mathrm{MA}}$ 为具有磁导和磁动势的部分；$\boldsymbol{\Phi}_{\mathrm{NA}}$ 为只有磁导的部分；$\boldsymbol{Q}_{\mathrm{MMA}}$、$\boldsymbol{Q}_{\mathrm{MNA}}$、$\boldsymbol{Q}_{\mathrm{NMA}}$、$\boldsymbol{Q}_{\mathrm{NNA}}$ 为 $\boldsymbol{Q}$ 的子矩阵；$\boldsymbol{Q}_{\mathrm{MMA}}$ 为 2×2 维矩阵；$\boldsymbol{Q}_{\mathrm{MNA}}$ 为 2×3 维矩阵；$\boldsymbol{Q}_{\mathrm{NMA}}$ 为 3×2 维矩阵；$\boldsymbol{Q}_{\mathrm{NNA}}$ 为 3×3 维矩阵；$\boldsymbol{P}_{\mathrm{MA}}$ 为 2×2 维铁心磁导矩阵；$\boldsymbol{P}_{\mathrm{NA}}$ 为 3×3 维铁轭磁导和漏磁导矩阵；$\boldsymbol{N}_{\mathrm{MA}}$ 为 2×2 维匝数矩阵；$\boldsymbol{I}_{\mathrm{MA}}$ 为 2×2 维电流矩阵。

由式（4-7）可得：

$$\boldsymbol{\Phi}_{\mathrm{MA}} = \boldsymbol{Q}_{\mathrm{MMA}}\boldsymbol{P}_{\mathrm{MA}}\boldsymbol{N}_{\mathrm{MA}}\boldsymbol{I}_{\mathrm{MA}} \tag{4-8}$$

根据法拉第电磁感应定律可知：

$$\boldsymbol{V}_{\mathrm{A}} = \boldsymbol{N}_{\mathrm{MA}} \frac{\mathrm{d}\boldsymbol{\Phi}_{\mathrm{MA}}}{\mathrm{d}t} \tag{4-9}$$

其中，$\boldsymbol{V}_{\mathrm{A}}$ 为

$$\boldsymbol{V}_{\mathrm{A}} = \begin{bmatrix} \boldsymbol{V}_{\mathrm{a}} & \Delta\boldsymbol{V}_{\mathrm{A}} \end{bmatrix}^\mathrm{T} \tag{4-10}$$

用梯形积分定律离散式（4-9）可得：

$$\boldsymbol{N}_{\mathrm{MA}}\boldsymbol{\Phi}_{\mathrm{MA}}(t) = \frac{\Delta t}{2}\boldsymbol{V}_{\mathrm{A}}(t) + \boldsymbol{\Phi}_{\mathrm{MAhist}}(t) \tag{4-11}$$

其中，$\boldsymbol{\Phi}_{\mathrm{MAhist}}(t)$ 为

$$\boldsymbol{\Phi}_{\mathrm{MAhist}}(t) = \boldsymbol{N}_{\mathrm{MA}}\boldsymbol{\Phi}_{\mathrm{MA}}(t-\Delta t) + \frac{\Delta t}{2}\boldsymbol{V}_{\mathrm{A}}(t-\Delta t) \tag{4-12}$$

由式（4-8）和式（4-11）可得：

$$\boldsymbol{N}_{\mathrm{MA}}\boldsymbol{\Phi}_{\mathrm{MA}} = \boldsymbol{N}_{\mathrm{MA}}\boldsymbol{Q}_{\mathrm{MMA}}\boldsymbol{P}_{\mathrm{MA}}\boldsymbol{N}_{\mathrm{MA}}\boldsymbol{I}_{\mathrm{MA}} = \boldsymbol{Z}_{\mathrm{MA}}\boldsymbol{I}_{\mathrm{MA}} \tag{4-13}$$

将式（4-13）代入式（4-11）可得：

$$\boldsymbol{I}_{\mathrm{MA}}(t) = \boldsymbol{Y}_{\mathrm{MA}}\boldsymbol{V}_{\mathrm{A}}(t) + \boldsymbol{I}_{\mathrm{MAhist}}(t) \tag{4-14}$$

其中，$\boldsymbol{Y}_{\mathrm{MA}} = \dfrac{\Delta t}{2}\boldsymbol{Z}_{\mathrm{MA}}^{-1}$，$\boldsymbol{I}_{\mathrm{MAhist}}(t) = \boldsymbol{Z}_{\mathrm{MA}}^{-1}\boldsymbol{\Phi}_{\mathrm{MAhist}}(t)$。

即得到了 TCST 串联变压器的 A 相电磁暂态模型，同理，可得到 B、C 相电磁暂态模型。

$$\boldsymbol{I}_{\mathrm{MB}}(t) = \boldsymbol{Y}_{\mathrm{MB}}\boldsymbol{V}_{\mathrm{B}}(t) + \boldsymbol{I}_{\mathrm{MBhist}}(t) \tag{4-15}$$

$$\boldsymbol{I}_{\mathrm{MC}}(t) = \boldsymbol{Y}_{\mathrm{MC}}\boldsymbol{V}_{\mathrm{C}}(t) + \boldsymbol{I}_{\mathrm{MChist}}(t) \tag{4-16}$$

将式（4-14）~式（4-16）联立可得：

$$\boldsymbol{I}_{\mathrm{M}}(t) = \boldsymbol{Y}_{\mathrm{M}}\boldsymbol{V}_{\mathrm{M}}(t) + \boldsymbol{I}_{\mathrm{Mhist}}(t) \tag{4-17}$$

其中，

$$\boldsymbol{I}_{\mathrm{M}}(t) = \begin{bmatrix} I_{\mathrm{LA}}(t) & I_{\mathrm{LB}}(t) & I_{\mathrm{LC}}(t) & I_{\mathrm{a}}(t) & I_{\mathrm{b}}(t) & I_{\mathrm{c}}(t) \end{bmatrix}^{\mathrm{T}} \qquad (4\text{-}18)$$

$$\boldsymbol{V}_{\mathrm{M}}(t) = \begin{bmatrix} \Delta V_{\mathrm{A}}(t) & \Delta V_{\mathrm{B}}(t) & \Delta V_{\mathrm{C}}(t) & V_{\mathrm{a}}(t) & V_{\mathrm{b}}(t) & V_{\mathrm{c}}(t) \end{bmatrix}^{\mathrm{T}} \qquad (4\text{-}19)$$

4.2.2 TCST 励磁变压器的电磁暂态模型

TCST 的励磁变压器采用三相三柱结构，图 4-3 所示为 TCST 励磁变压器等效磁路。$N_{\mathrm{EA}}I_{\mathrm{EA}}$、$N_{\mathrm{EB}}I_{\mathrm{EB}}$、$N_{\mathrm{EC}}I_{\mathrm{EC}}$ 分别为流过励磁变压器一次侧 A、B、C 三相的电流产生的磁动势，$N_{\mathrm{a1}}I_{\mathrm{Ea}}$、$N_{\mathrm{a2}}I_{\mathrm{Eb}}$、$N_{\mathrm{a3}}I_{\mathrm{Ec}}$、$N_{\mathrm{b1}}I_{\mathrm{Ea}}$、$N_{\mathrm{b2}}I_{\mathrm{Eb}}$、$N_{\mathrm{b3}}I_{\mathrm{Ec}}$、$N_{\mathrm{c1}}I_{\mathrm{Ea}}$、$N_{\mathrm{c2}}I_{\mathrm{Eb}}$、$N_{\mathrm{c3}}I_{\mathrm{Ec}}$ 为流过励磁变压器二次侧 a_1、a_2、a_3、b_1、b_2、b_3、c_1、c_2 和 c_3 绕组的电流产生的磁动势。$\varPhi_{\mathrm{EA}}$、$\varPhi_{\mathrm{EB}}$、$\varPhi_{\mathrm{EC}}$ 分别为流过励磁变压器一次侧 A、B、C 三相绕组的磁通，$\varPhi_{\mathrm{a1}}$、$\varPhi_{\mathrm{b1}}$、$\varPhi_{\mathrm{c1}}$、$\varPhi_{\mathrm{a2}}$、$\varPhi_{\mathrm{b2}}$、$\varPhi_{\mathrm{c2}}$、$\varPhi_{\mathrm{a3}}$、$\varPhi_{\mathrm{b3}}$、$\varPhi_{\mathrm{c3}}$ 分别为流过励磁变压器二次侧各个绕组的磁通，$\varPhi_{\mathrm{AB}}$、$\varPhi_{\mathrm{BC}}$ 分别为 A 相与 B 相、B 相与 C 相之间铁轭的磁通，$\varPhi_{\mathrm{EA1}}$、$\varPhi_{\mathrm{EB1}}$、$\varPhi_{\mathrm{EC1}}$ 分别为励磁变压器一次侧 A、B、C 三相的漏磁通，$\varPhi_{\mathrm{la1}}$、$\varPhi_{\mathrm{lb1}}$、$\varPhi_{\mathrm{lc1}}$、$\varPhi_{\mathrm{la2}}$、$\varPhi_{\mathrm{lb2}}$、$\varPhi_{\mathrm{lc2}}$、$\varPhi_{\mathrm{la3}}$、$\varPhi_{\mathrm{lb3}}$、$\varPhi_{\mathrm{lc3}}$ 分别为励磁变压器二次侧各个绕组的漏磁通，$\varPhi_{\mathrm{a0}}$、$\varPhi_{\mathrm{b0}}$、$\varPhi_{\mathrm{c0}}$ 分别为 A、B、C 三相绕组的零序磁通。P_{EA}、P_{EB}、P_{EC} 分别为励磁变压器一次侧 A、B、C 三相绕组的铁心磁导，P_{a1}、P_{b1}、P_{c1}、P_{a2}、P_{b2}、P_{c2}、P_{a3}、P_{b3}、P_{c3} 分别为励磁变压器二次侧各个绕组的铁心磁导，P_{AB}、P_{BC} 分别为 A 相与 B 相、B 相与 C 相之间铁轭的磁导，P_{EA1}、P_{EB1}、P_{EC1} 分别为励磁变压器一次侧 A、B、C 三相绕组的漏磁导，P_{la1}、P_{lb1}、P_{lc1}、

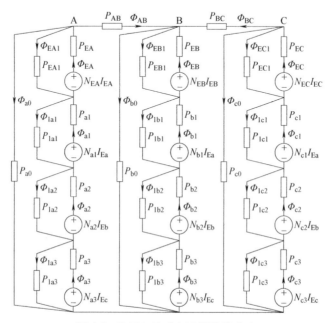

图 4-3 TCST 励磁变压器等效磁路

P_{la2}、P_{lb2}、P_{lc2}、P_{la3}、P_{lb3}、P_{lc3} 分别为励磁变压器二次侧各个绕组的漏磁导，P_{a0}、P_{b0}、P_{c0} 分别为 A、B、C 三相绕组的零序磁导。

同理可知，支路磁通和绕组电流之间的关系可以写成如下矩阵形式

$$\boldsymbol{\Phi}_E = \boldsymbol{Q}_E \boldsymbol{P}_E \boldsymbol{N}_E \boldsymbol{I}_E \tag{4-20}$$

式中，$\boldsymbol{\Phi}_E$ 为各绕组支路构成的磁通矩阵；$\boldsymbol{P}_E$ 为各励磁支路构成的磁导矩阵；$\boldsymbol{N}_E$、$\boldsymbol{I}_E$ 分别为绕组匝数和绕组电流构成的矩阵；$\boldsymbol{Q}_E = \boldsymbol{E} - \boldsymbol{P}_E \boldsymbol{A}_E (\boldsymbol{A}_E^T \boldsymbol{P}_E \boldsymbol{A}_E)^{-1}$，其中，$\boldsymbol{A}_E^T$ 是等效磁路的节点关联矩阵，具体见附录 C 中 C-2。

将励磁支路分为两部分，其中，$\boldsymbol{\Phi}_{EM}$ 为具有磁导和磁动势的部分，$\boldsymbol{\Phi}_{EN}$ 为只有磁导的部分，则式（4-20）可改写为下式

$$\begin{bmatrix} \boldsymbol{\Phi}_{EM} \\ \boldsymbol{\Phi}_{EN} \end{bmatrix} = \begin{bmatrix} \boldsymbol{Q}_{EMM} & \boldsymbol{Q}_{EMN} \\ \boldsymbol{Q}_{ENM} & \boldsymbol{Q}_{ENN} \end{bmatrix} \begin{bmatrix} \boldsymbol{P}_{EM} & \boldsymbol{0} \\ \boldsymbol{0} & \boldsymbol{P}_{EN} \end{bmatrix} \begin{bmatrix} \boldsymbol{N}_{EM} \boldsymbol{I}_{EM} \\ \boldsymbol{0} \end{bmatrix} \tag{4-21}$$

式中，$\boldsymbol{Q}_{EMM}$、$\boldsymbol{Q}_{EMN}$、$\boldsymbol{Q}_{ENM}$、$\boldsymbol{Q}_{ENN}$ 为 $\boldsymbol{Q}_E$ 的子矩阵；$\boldsymbol{Q}_{EMM}$ 为 12×12 维矩阵；$\boldsymbol{Q}_{EMN}$ 为 12×17 维矩阵；$\boldsymbol{Q}_{ENM}$ 为 17×12 维矩阵；$\boldsymbol{Q}_{ENN}$ 为 17×17 维矩阵；$\boldsymbol{P}_{EM}$ 为 12×12 维铁心磁导矩阵；$\boldsymbol{P}_{EN}$ 为 17×17 维铁轭和漏磁导矩阵；$\boldsymbol{N}_{EM}$ 为 12×12 维匝数矩阵；$\boldsymbol{I}_{EM}$ 为 12×1 维电流矩阵。

由式（4-21）可得：

$$\boldsymbol{\Phi}_{EM} = \boldsymbol{Q}_{EMM} \boldsymbol{P}_{EM} \boldsymbol{N}_{EM} \boldsymbol{I}_{EM} \tag{4-22}$$

根据法拉第电磁感应定律可知：

$$\boldsymbol{V}_E = \boldsymbol{N}_Z \frac{\mathrm{d}\boldsymbol{\Phi}_{EMM}}{\mathrm{d}t} \tag{4-23}$$

其中，$\boldsymbol{V}_E$ 为

$$\boldsymbol{V}_E = \begin{bmatrix} V_{SA} & V_{SB} & V_{SC} & V_{Ea} & V_{Eb} & V_{Ec} \end{bmatrix}^T \tag{4-24}$$

$\boldsymbol{N}_Z$ 为

$$\boldsymbol{N}_Z = \begin{bmatrix} N_{EA} & 0 & 0 & 0 & 0 & 0 \\ 0 & N_{EB} & 0 & 0 & 0 & 0 \\ 0 & 0 & N_{EC} & 0 & 0 & 0 \\ 0 & 0 & 0 & N_{a1} & 0 & 0 \\ 0 & 0 & 0 & N_{b1} & 0 & 0 \\ 0 & 0 & 0 & N_{c1} & 0 & 0 \\ 0 & 0 & 0 & 0 & N_{a2} & 0 \\ 0 & 0 & 0 & 0 & N_{b2} & 0 \\ 0 & 0 & 0 & 0 & N_{c2} & 0 \\ 0 & 0 & 0 & 0 & 0 & N_{a3} \\ 0 & 0 & 0 & 0 & 0 & N_{b3} \\ 0 & 0 & 0 & 0 & 0 & N_{c3} \end{bmatrix}^T \tag{4-25}$$

用梯形积分定律离散式（4-25）可得：

$$N_Z \boldsymbol{\Phi}_{EM}(t) = \frac{\Delta t}{2} \boldsymbol{V}_E(t) + \boldsymbol{\Phi}_{EMhist}(t) \quad (4\text{-}26)$$

其中，$\boldsymbol{\Phi}_{EMhist}(t)$ 为

$$\boldsymbol{\Phi}_{EMhist}(t) = \frac{\Delta t}{2} \boldsymbol{V}_E(t - \Delta t) + N_Z \boldsymbol{\Phi}_{EM}(t - \Delta t) \quad (4\text{-}27)$$

由式（4-22）和式（4-26）可知：

$$N_Z \boldsymbol{\Phi}_{EM} = N_Z \boldsymbol{Q}_{EMM} \boldsymbol{P}_{EM} \boldsymbol{N}_{EM} \boldsymbol{I}_{EM} = \boldsymbol{Z}_{EM} \boldsymbol{I}_{EM} \quad (4\text{-}28)$$

其中，$\boldsymbol{Z}_{EM}$ 为

$$\boldsymbol{Z}_{EM} = \begin{bmatrix} Z_{1\text{-}1} & Z_{1\text{-}2} & \cdots & Z_{1\text{-}11} & Z_{1\text{-}12} \\ Z_{2\text{-}1} & Z_{2\text{-}2} & \cdots & Z_{2\text{-}11} & Z_{2\text{-}12} \\ \vdots & \vdots & \vdots & \vdots & \vdots \\ Z_{11\text{-}1} & Z_{11\text{-}2} & \cdots & Z_{11\text{-}11} & Z_{11\text{-}12} \\ Z_{12\text{-}1} & Z_{12\text{-}2} & \cdots & Z_{12\text{-}11} & Z_{12\text{-}12} \end{bmatrix} \quad (4\text{-}29)$$

$\boldsymbol{I}_{EM}$ 为

$$\boldsymbol{I}_{EM} = \begin{bmatrix} I_{EA} & I_{EB} & I_{EC} & I_{Ea} & I_{Ea} & I_{Ea} & I_{Eb} & I_{Eb} & I_{Eb} & I_{Ec} & I_{Ec} & I_{Ec} \end{bmatrix}^T \quad (4\text{-}30)$$

再将式（4-30）整理后可得：

$$N_Z \boldsymbol{\Phi}_{EM} = \boldsymbol{Z}_E \boldsymbol{I}_E \quad (4\text{-}31)$$

式中，$\boldsymbol{Z}_E$ 为 6×6 阻抗矩阵，具体见附录 C 中 C-2，$\boldsymbol{I}_E = \begin{bmatrix} I_{EA} I_{EB} I_{EC} I_{Ea} I_{Eb} I_{Ec} \end{bmatrix}^T$。

将式（4-31）代入式（4-26）可得：

$$\boldsymbol{I}_E(t) = \boldsymbol{Y}_E \boldsymbol{V}_E(t) + \boldsymbol{I}_{Ehist}(t) \quad (4\text{-}32)$$

其中，$\boldsymbol{Y}_E = \dfrac{\Delta t}{2} \boldsymbol{Z}_{EM}^{-1}$，$\boldsymbol{I}_{Ehist}(t) = \boldsymbol{Z}_{EM}^{-1} \boldsymbol{\Phi}_{EMhist}(t)$。

则得到了 TCST 励磁变压器的电磁暂态模型。

最后，结合其内部连接可得：

$$\begin{cases} I_{SA} = I_{EA} + I_{LA} \\ I_{SB} = I_{EB} + I_{LB} \\ I_{SC} = I_{EC} + I_{LC} \end{cases} \quad \begin{cases} V_a = V_{Ea} \\ V_b = V_{Eb} \\ V_c = V_{Ec} \end{cases}$$
$$\begin{cases} V_{LA} = V_{SA} + \Delta V_A \\ V_{LB} = V_{SB} + \Delta V_B \\ V_{LC} = V_{SC} + \Delta V_C \end{cases} \quad \begin{cases} I_a = I_{Ea} \\ I_b = I_{Eb} \\ I_c = I_{Ec} \end{cases} \quad (4\text{-}33)$$

将式（4-17）、式（4-32）和式（4-33）联立可得 TCST 的电磁暂态模型。

4.2.3 参数计算

假设铁心的磁路长度在一次侧与二次侧之间平均分配，磁路中的铁心与铁轭

的磁导 P_{Fe} 可按下式计算：

$$P_{\mathrm{Fe}} = \mu_{\mathrm{Fe}} \frac{S}{0.5L} \tag{4-34}$$

式中，μ_{Fe} 为铁心磁导率，由铁磁材料的磁化曲线确定；S 为铁心或铁轭的横截面积；L 为铁心或铁轭的等效磁路长度。

漏磁导只与磁路的材料及几何尺寸有关，假设漏感在一次绕组和二次绕组中平均分配，漏磁导可按下式计算：

$$P_{\mathrm{Leakage}} = \frac{0.5X_{\mathrm{Leakage}}}{2\pi f N^2} \tag{4-35}$$

4.2.4　TCST 暂态仿真流程

通过 TCST 暂态模型构建，并将其与线路联立，便可进行仿真迭代运算。TCST 暂态仿真流程图如图 4-4 所示。

在暂态仿真中，系统模型如下所示

$$I_{\mathrm{L}}(t) = Y_{\mathrm{L}} V_{\mathrm{L}}(t) + I_{\mathrm{Lhist}}(t) \tag{4-36}$$

式中，I_{L} 为系统电流矩阵；V_{L} 为系统电压矩阵；I_{Lhist} 为由上个计算时刻的系统电流和电压组成的常量矩阵；Y_{L} 为系统导纳矩阵。

同时，为了抑制仿真结果中由于分接头切换而产生的不真实的振荡，采用临界阻尼调整法（Critical Damping Adjustment，CDA）来消除振荡。

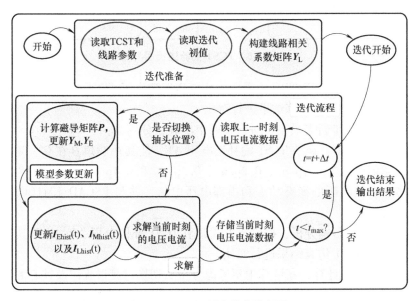

图 4-4　TCST 暂态仿真流程图

4.3 算例分析

为了剖析 TCST 的内部电磁特性，对所提模型进行解析计算，计算步长为 $5 \times 10^{-5} \mathrm{s}$。用于计算线路受端瞬时有功功率和无功功率的方程如下

$$P_r = (V_{rA}I_{LA} + V_{rB}I_{LB} + V_{rC}I_{LC}) \tag{4-37}$$

$$Q_r = \sqrt{3}(V_{rA}I_{LC} - V_{rC}I_{LA}) \tag{4-38}$$

在无补偿模式下，P_r 和 Q_r 为基准功率，并用 P_n 和 Q_n 表示。

TCST 实验连接图如图 4-5 所示，TCST 和电气系统主要参数设置见附录 C 中表 C-1。$V_n(n=A,B,C)$ 为送端电压，$V_m(n=A,B,C)$ 为受端电压，$V_{Sn}(n=A,B,C)$ 为 TCST 送端电压，$V_{Ln}(n=A,B,C)$ 为 TCST 送端电压，$Z_{Sn}(n=A,B,C)$ 为送端等效阻抗，$Z_{Ln}(n=A,B,C)$ 为输电线路阻抗，$Z_{rn}(n-A,B,C)$ 为受端等效阻抗。

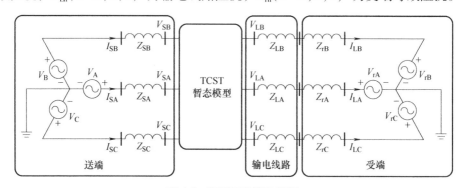

图 4-5 TCST 实验连接图

同时，在 PSCAD/EMTDC 中采用单相变压器建立了 TCST 的模型，并在后续仿真计算中与所提模型计算结果进行对比。

针对所提 TCST 暂态模型，进行了两个实验，分别为：

1）有效性验证：调节 TCST 的补偿电压 ΔV，使其补偿角 β 在 0°~360° 之间变化，其幅值分别为 0.1p. u.、0.2p. u.、0.3p. u. 和 0.4p. u.，每次调整约 15°，并记录各个补偿电压的稳态功率和内部电压电流，并与 PSCAD/EMTDC 仿真结果进行对比。

2）双芯结构影响分析：按给定方式调节 TCST 补偿电压 ΔV，记录其暂态响应，并与现有 SCST 仿真结果进行对比。

同时为了简化计算，在计算中不考虑分接头切换过渡过程以及铁心的饱和特性和磁滞特性，即铁心磁导率视为常数。通常来说，硅钢片的相对磁导率范围为 7000~10000，本章中所选取的硅钢片的相对磁导率为 $\mu_r = 10000$。

4.3.1　算例 1：模型有效性验证

为了验证本章所提 TCST 模型的有效性，参考文献［20］的设置，TCST 的补偿电压 ΔV 幅值分别设置为 0.1p.u.、0.2p.u.、0.3p.u.、0.4p.u.，相角 β 在 $0° \sim 360°$ 之间变化，每次调整补偿电压相角约 $15°$。以补偿 0.4p.u. $\angle 60°$ 为例，其解析计算得到的电压、电流波形与仿真结果对比如图 4-6 所示。

由图 4-6 对比可看出，所提模型和 PSCAD 仿真结果基本一致，验证了模型的有效性。

同时，为了研究 TCST 的外部运行特性，不同补偿电压幅值和不同相角 β 下线路有功功率 P_r 和无功功率 Q_r 如图 4-7 和图 4-8 所示。

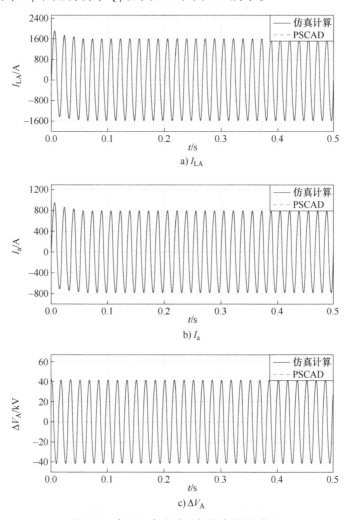

a) I_{LA}

b) I_a

c) ΔV_A

图 4-6　电压、电流波形与仿真结果对比

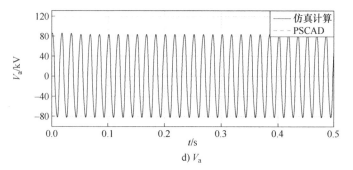

d) V_a

图 4-6   电压、电流波形与仿真结果对比（续）

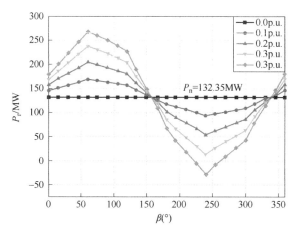

P_n=132.35MW

图 4-7   不同补偿电压幅值和不同相角 β 下线路有功功率 P_r

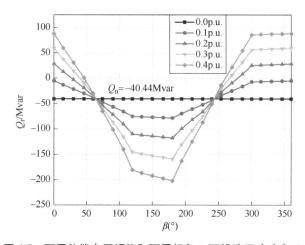

Q_n=-40.44Mvar

图 4-8   不同补偿电压幅值和不同相角 β 下线路无功功率 Q_r

由图 4-7 和图 4-8 可看出，随着相角 β 的变化，有功功率和无功功率的变化轨迹接近于正弦曲线。当 $\beta = 60°$ 时，P_r 达到最大值，当 $\beta = 240°$ 时，P_r 达到最小值；当 $\beta = 0°$ 时，Q_r 达到最大值，当 $\beta = 180°$ 时，Q_r 达到最小值。

当 ΔV 幅值分别为 0.1p.u.、0.2p.u.、0.3p.u.、0.4p.u. 时，有功功率 P_r 和无功功率 Q_r 的关系如图 4-9 所示。由图 4-9 可看出，TCST 的功率调节域近似为以基准功率为中心的六边形，说明 TCST 能够实现功率的四象限调节。

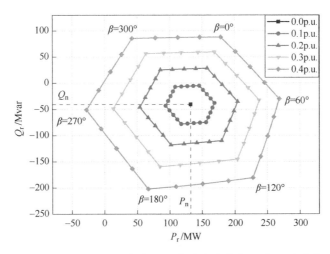

图 4-9　不同补偿电压幅值和不同相角 β 下线路有功功率 P_r 和无功功率 Q_r 的关系

4.3.2　算例 2：双芯结构影响分析

为了比较 TCST 与 SCST 在运行特性方面的差异，参考文献［15］对 ST 的实验方案为：TCST 在第 5s 时开始调节，并逐步调节补偿电压 ΔV 至 0.2p.u. $\angle 300°$，到 14s 时将补偿目标改为 0.2p.u. $\angle 240°$，最后，在 23s 时将补偿目标调整为 0.4p.u. $\angle 240°$，其得到的线路末端有功功率 P_r 和无功功率 Q_r 实时暂态响应如图 4-10 所示。

由图 4-10 可知，TCST 的外部功率特性与 SCST 基本一致，同时，TCST 功率调节是阶梯式变化，在调节过程中，功率能很快稳定在所需的功率点，能够有效地实现功率调节。

TCST 开始补偿后流过 A 相励磁变压器二次侧 I_a 的暂态响应如图 4-11 所示。与参考文献［65］结果对比可看出，流过 TCST 分接开关的电流 I_a 比流过 SCST 分接开关的电流 I_{LA} 要小得多，在本章的实验中，约为 I_{LA} 的 50%。说明 TCST 对分接开关具有一定的保护作用，能减小流过分接开关的电流，有效降低了外部故障所引起的过电流对绕组分接头的影响。

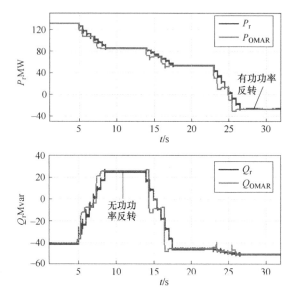

图 4-10　线路末端有功功率 P_r 和无功功率 Q_r 实时暂态响应

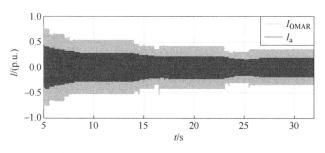

图 4-11　I_a 的暂态响应

　　TCST A 相补偿电压 ΔU_A 在调节过程中的暂态响应如图 4-12 所示。与参考文献 [65] 结果对比可看出，TCST 能够产生与 SCST 几乎一致的补偿电压，但是在 0.05p.u. 的调节步长上，SCST 只需要进行 4 次分接头变化，TCST 则需要 8

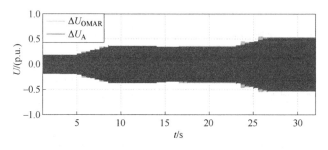

图 4-12　ΔU_A 的暂态响应

次调节步长分接头变化，每次变化为 0.025p. u. ，调节时间也比 SCST 要更长。相比于 SCST，TCST 在线路中产生的补偿电压 ΔU 步长更低，约为 50%，使得其拥有更高的调节精度，但是受限于分接开关的调节机制，在同样的补偿目标下，TCST 分接开关所需调节的次数更多。

4.4　本章小结

本章提出了一种基于 UMEC 的 TCST 电磁暂态模型，借助 MATLAB 软件和 PSCAD/EMTDC 进行了仿真计算和验证，并与现有论文仿真结果对比和分析。结论如下：

1) 相比于 SCST，TCST 能够使分接开关从线路中隔离开来；其流过分接头的电流大幅降低，在本章的参数下，降低幅度大约为 50%，说明这种设计能够有效降低由于外部故障所引起的过电流对分接开关影响的风险。

2) 在采用相同分接头调压步长的情况下，相比于 SCST，由于 TCST 的实际调节步长更小，使得其精度更高。但是 TCST 所需调节次数更多。

3) 参考双芯移相变压器，TCST 还具有更多的设计优化空间，例如在分接开关选择上，励磁变压器二次侧的步进电压和额定电流或可以与分接开关相互配合以达到更好的效果。

第5章

5

EST的工作原理和
有载调压分接头置位算法

5.1 EST 的工作原理

5.1.1 EST 的拓扑图

EST 的一次侧由三个绕组星形联结，并联接入系统送端母线，构成励磁单元。励磁单元二次侧每相由三个带分接头的绕组和配套的电力电子开关组件 TP 组成。其中，二次侧的三个绕组，分别与自身相和另两相一次侧磁耦合。与 ST 相比，EST 利用电力电子开关组件 TP 实现了传统 ST 串联变压器二次绕组反相工作。EST 拓扑如图 5-1 所示。

A 相二次侧分接头为 aa、ab、ac，B 相二次侧分接头为 ba、bb、bc，C 相二次侧分接头为 ca、cb、cc。电力电子开关板由 4 对反相并联的晶闸管构成，其两两组件同开同闭，实现对应绕组的同相或反相接入。以 A 相为例，当 EST 补偿的电压相角 $0°<\beta<120°$，且运行域为 EST 的扩展域时，通过关闭 TPba 开关组件的 1 号和 3 号电力电子开关，触发导通 4 号和 2 号开关实现 TPba 绕组反相连接，进而实现传统 ST 控制域的扩展。其中，V_{sA}、$V_{s'A}$ 分别为 EST 送端电压、受端电压。电力电子开关组件 TPaa、TPba 和 TPca 分别控制二次侧 aa、ba、ca 进而组成 A 相的补偿电压，即二次绕组电压 V_{aa}、V_{ba}、V_{ca} 合成串联补偿电压 $V_{ss'A}$。由于 V_{aa}、V_{ba}、V_{ca} 之间相角互差 120°，通过控制分接开关分接头位置，改变这三个电压向量的组合方式，进而改变串联补偿电压。因此，A 相的送端电压就调整为 $V_{s'A}$，同理，也可实现 B 相、C 相送端目标控制电压 $V_{s'B}$、$V_{s'C}$，进而达到控制线路潮流的目的。

EST 与 ST 相似，其主要有三种潮流控制模式：电压调节、相角调节和功率调节，图 5-2a、b 和 c 分别为 EST 工作于这三种控制模式时的向量图。当 EST 工作于电压调节模式时，各相补偿电压的相角与送端电压同相或反相；当 EST 工

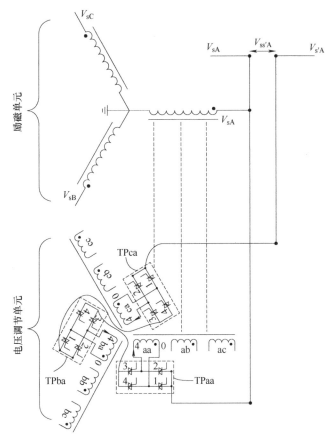

图 5-1　EST 拓扑

作于相角调节模式时，其补偿电压的相角超前或滞后于送端电压 90°；当 EST 工作于功率调节模式时，电压的相角与幅值由潮流控制目标来确定。图 5-2d 为 EST 潮流调节流程图，通过线路潮流控制目标（P_{ref}、Q_{ref}）与运行模式计算出 EST 的串联补偿电压，然后根据分接头算法确定二次侧各绕组的分接头置位，从而实现潮流控制。

5.1.2　EST 的运行域分析

　　根据以上对 EST 工作原理的分析，可以得出在 EST 的容量不同和分接头数目不同时，相应的运行域。在本章以分接头数目为 2 时，A 相补偿为例，其得到的 EST 的电压向量图如图 5-3 所示。

　　由图 5-3 可知，当 EST 补偿时，其补偿电压 $V_{ss'A}$ 的变化范围是一个以原始送端电压 V_{sA} 为顶点的正六边形区域，六边形边长为 EST 每相二次绕组补偿电压的最大值。图 5-3 中浅灰色区域部分是 EST 的运行域，而深灰色部分是由传统 ST

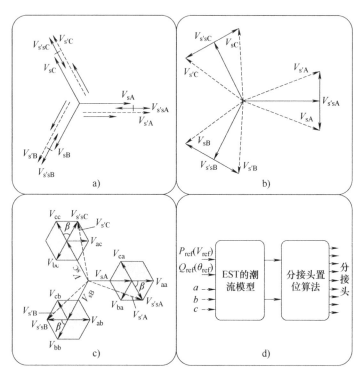

图 5-2　EST 的运行模式

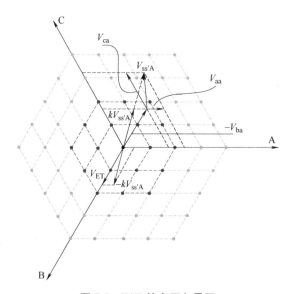

图 5-3　EST 的电压向量图

的补偿区域。经计算可得，基于电力电子技术二次绕组开关的 EST 的运行域为传统 ST 的四倍。并且随着分接头数目的增加，只要装置的额定容量满足要求，其运行域的面积是传统 ST 的 n^2 倍（n 为分接头数目）。同时，当装置的额定容量一定时，串联补偿电压 $V_{ss'A}$ 的控制精度可以通过电力电子开关器件实现二次绕组正反相调整，可有效提高控制精度。对于图 5-3 所示的运行范围，可以通过降低传统 ST 分接头调压步长的一半实现原运行范围的控制精度的提高。

此外，由于 EST 是利用传统机械分接开关和电力电子开关结合实现二次绕组反相操作，其响应速度得到了快速的提升。虽然其造价比传统 ST 更贵，但是其经济性优于目前投入使用的 UPFC。

5.2　EST 的分接头控制策略

5.2.1　EST 的分接头结构介绍

EST 二次绕组的分接头由机械式有载分接开关和电力电子开关组件 TP 串联组成。其中，机械式有载分接开关调节各相补偿绕组的补偿电压幅值，机械式有载分接开关实物图如图 5-4 所示，电力电子开关组件 TP 实现各相绕组的正相和反相导通。

图 5-4　机械式有载分接开关实物图

本章所提的电力电子开关组件 TP 是由 4 对反相并联的晶闸管构成，其相应的正反相切换过程已经在本章 5.1.1 节进行了介绍，不再赘述。而对于机械式有载分接开关，在实际的变压器中分接开关的动作是通过分接头实现的。当给定补偿电压后，EST 根据其置位算法计算出每相二次绕组的补偿电压，确定每个绕组的档位；然后，分接头由当前的档位步进移动到目标档位。图 5-5 给出了补偿电压由 0.2p.u. 修正到 0.1p.u. 的步进过程，其中分接头的步进时间为 0.5s。

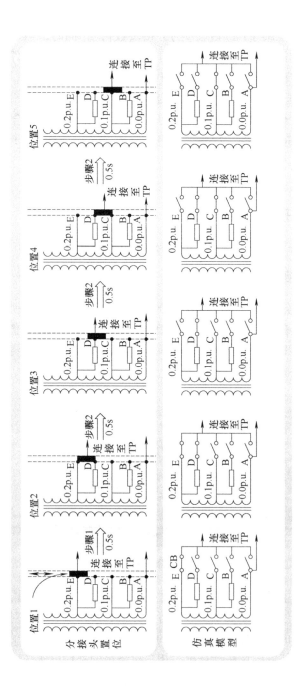

图 5-5 机械式有载分接开关的步进过程

5.2.2　EST 的分接头控制算法

目前，对于 EST 的分接头控制算法，主要有两种。第一种是针对二次绕组分接头数目较少（一般低于 4）的应用场景，另一种是针对分接头数目较多的应用场景。

对于第一种情况，控制算法的具体步骤如下：

1）根据所调控线路有功功率目标 P 和无功功率目标 Q，计算出补偿电压，计算过程见式（5-1）和式（5-2）。

$$I=\left(\frac{S}{V_r}\right)^*=\left(\frac{P+jQ}{V_r}\right)^* \tag{5-1}$$

$$V_{s's}=V_r+IZ-V_s=V_r+I\left(R_L+jX_L\right)-V_s \tag{5-2}$$

则可计算得到补偿电压幅值 $V_{s's}$ 和相角 β。

式（5-1）中，V_r 为 EST 受端节点电压；I 为线路电流；式（5-2）中，R_L、X_L 分别为线路的电阻和电抗。

2）根据计算得到相角 β，确定串联补偿电压分布的区域。EST 的运行域如图 5-6 所示，区域Ⅰ为 $0°<\beta\leqslant120°$，区域Ⅱ为 $120°<\beta\leqslant240°$，区域Ⅲ为 $240°<\beta\leqslant360°$。

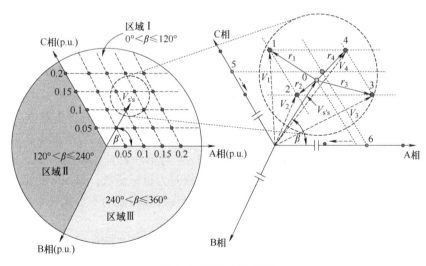

图 5-6　EST 的运行域

3）由式（5-3a、b、c）就可以得到每相的补偿电压，对于区域Ⅰ计算 a 相和 c 相的补偿电压 V_{aa}、V_{ca}，对于区域Ⅱ可计算 b 相和 c 相的补偿电压 V_{ba}、V_{ca}，对于区域Ⅲ计算 a 相、b 相的补偿电压 V_{aa}、V_{ba}，例如，对于图 5-6 中，取区域Ⅰ中的 0 点，可获得在 a 相和 c 相位于 6 点和 5 点上的两个补偿电压。

$$\begin{cases} V_{aa} = |V_{s's}| \times (\cos\beta + \sin\beta \times \tan30°) \\ V_{ca} = |V_{s's}| \times \sin\beta / \sin60° \end{cases} \quad 0° < \beta \le 120° \quad (5\text{-}3a)$$

$$\begin{cases} V_{ca} = |V_{s's}| \times (\cos(\beta-120°) + \sin(\beta-120°) \times \tan30°) \\ V_{ba} = |V_{s's}| \times \sin(\beta-120°) / \sin60° \end{cases} \quad 120° < \beta \le 240°$$

$$(5\text{-}3b)$$

$$\begin{cases} V_{aa} = |V_{s's}| \times (\cos(360°-\beta) + \sin(360°-\beta) \times \tan30°) \\ V_{ba} = |V_{s's}| \times \sin(360°-\beta) / \sin60° \end{cases} \quad 240° < \beta \le 360°$$

$$(5\text{-}3c)$$

4）将上述补偿电压 V_{aa}、V_{ba} 和 V_{ca} 除以分接头步长，并做四舍五入取整处理，获得补偿绕组的分接头档位。

5）由 EST 分接头组合策略表获得相应的置位组合备选方案，需要注意的是前述分接头位置是否大于额定的分接头数目，如果大于额定数目，需利用所在区域外的另一相反相。

6）根据组合策略表，利用式（5-4），通过与当前分接头位置比较，以最小分接头绝对偏差为目标，从而确定 a 相分接头调整方案。

$$\min f = \left| |ba_{t+1}^i| - |ba_t| \right| + \left| |aa_{t+1}^i| - |aa_t| \right| + \left| |ca_{t+1}^i| - |ca_t| \right| \quad (5\text{-}4)$$

其中

$$\begin{cases} 1 \le i \le M, M \text{ 为期望点的分接头组合策略数} \\ t \ge 0, t \text{ 为当前运行时间点} \\ ba, aa, ca \in \{0,1,2,3,\cdots,N\}, N \text{ 为各相正相最大调节档位} \end{cases} \quad (5\text{-}5)$$

7）相应地，可以获得 b 和 c 相方案 $\{cb, bb, ab\}$，$\{ac, bc, cc\}$。

8）通过电力电子开关组件和有载分接开关，执行相应的分接头置位。

针对第二种应用场景，即 EST 二次绕组分接头数目较多的情况下，其相应的置位算法分为以下 7 个步骤。其中步骤 1~4 与第一种应用场景一致，步骤 5 为借助分枝定界法，求解以最小分接头绝对偏差为目标函数，以 abc 相量坐标系与直角坐标系互换为等式约束，和以各相分接头级数限制为不等式约束的非线性整数规划问题，从而确定各相最佳分接头调整方案。

其利用分枝定界法获得最佳分接头置位组合的具体步骤如下：

1）初始化：设定目前最优解的值 $Z = \inf$。

2）原问题的松弛变换：变换为求松弛问题的最优解，定初界，即 $Z_{上界} = Z_0$，$Z_{下界} = -\inf$。

3）分枝：根据分枝原则，增加 $x_i \le [x_i]$ 和 $x_i \ge [x_i] + 1$ 到拟分解模型中构成两个规划问题，并利用连续变量非线性规划方法求分枝松弛问题的最优解。

4）判断是否有解，若有解进入下一步，如无可行解，停枝。

5）定界与更新：修改目标函数上界和下界，$Z_{上界} = \max(Z_i)$（其中 Z_i 为松弛问题最优值），$Z_{上界} = \max(Z_{ip})$（其中 Z_{ip} 为整数规划问题最优值）。

6）比较：对分枝问题 Z 值进行比较判断，决定是再分枝或减枝。如果 $Z_i \leqslant Z_{下界}$，则 Z_i 减枝。如果 $Z_j \leqslant Z_k$，则 Z_j 分枝。

7）回溯：$Z_{上界}$ 是否等于 $Z_{下界}$？若相等，则进入下一步；若不等，则返回第3）步骤。

8）结束：计算停止，找到最优整数解，输出。

5.3　本章小结

本章介绍了 EST 的工作原理，对 EST 的拓扑和运行域进行了分析，并与传统 ST 进行了比较，从理论上证明了 EST 具有更高的控制精度和更大的运行域。进一步地，介绍了目前 EST 的两种分接头控制策略，为后续 EST 进行潮流调控研究时其本体的控制实现奠定了基础。

适用于统一迭代潮流计算的EST稳态模型

6.1　适用于统一迭代潮流计算的 EST 模型概述

6.1.1　EST 的稳态模型

　　EST 的线路连接图如图 6-1 所示。由于 EST 的串联补偿电压是通过并联侧绕组与串联侧绕组磁耦合得到的，因此，在不考虑变压器损耗的情况下，系统流入各相输电线路的有功功率和无功功率与其相应耦合并联侧绕组的有功功率和无功功率相同。EST 串联侧和并联侧的电压-电流关系为

$$\begin{cases} V_{sA}I_A = I_aV_{aa} - I_bV_{ab} + I_cV_{ac} \\ V_{sB}I_B = I_aV_{ba} + I_bV_{bb} - I_cV_{bc} \\ V_{sC}I_C = -I_aV_{ca} + I_bV_{cb} + I_cV_{cc} \end{cases} \qquad (6-1)$$

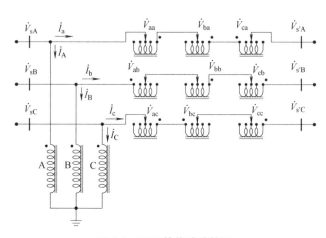

图 6-1　EST 的线路连接图

　　根据 EST 的工作原理，EST 二次绕组 aa、bb 和 cc 调控时的分接头档位相同，ba、cb 和 ac 分接头档位相同，ca、ab 和 bc 分接头档位也相同。然而，需要注意的是 aa-bb-cc、ba-cb-ac 和 ca-ab-bc 三组的分接头置位不一定相同，这需要根据补偿电压来决定，则可得到二次侧各绕组的电压和电流关系如下

$$\begin{cases} V_{\mathrm{aa}} = \mathrm{e}^{\mathrm{j}120°}\,V_{\mathrm{bb}} = \mathrm{e}^{-\mathrm{j}120°}\,V_{\mathrm{cc}} \\ V_{\mathrm{ba}} = \mathrm{e}^{\mathrm{j}120°}\,V_{\mathrm{cb}} = \mathrm{e}^{-\mathrm{j}120°}\,V_{\mathrm{ac}} \\ V_{\mathrm{ca}} = \mathrm{e}^{\mathrm{j}120°}\,V_{\mathrm{ab}} = \mathrm{e}^{-\mathrm{j}120°}\,V_{\mathrm{bc}} \end{cases} \tag{6-2}$$

$$I_{\mathrm{a}} = \mathrm{e}^{\mathrm{j}120°}\,I_{\mathrm{b}} = \mathrm{e}^{-\mathrm{j}120°}\,I_{\mathrm{c}} \tag{6-3}$$

结合式（6-1）~式（6-3）可推导出：

$$\begin{cases} V_{\mathrm{sA}}I_{\mathrm{A}} = I_{\mathrm{a}}\left(V_{\mathrm{aa}} + V_{\mathrm{ba}} - V_{\mathrm{ca}}\right) \\ V_{\mathrm{sB}}I_{\mathrm{B}} = I_{\mathrm{b}}\left(-V_{\mathrm{ab}} + V_{\mathrm{bb}} + V_{\mathrm{cb}}\right) \\ V_{\mathrm{sC}}I_{\mathrm{C}} = I_{\mathrm{c}}\left(V_{\mathrm{ac}} - V_{\mathrm{bc}} + V_{\mathrm{cc}}\right) \end{cases} \tag{6-4}$$

　　从式（6-4）中可看出，注入 EST 的串联侧绕组有功功率和无功功率与并联侧绕组输出有功功率和无功功率相等。但是以上推导忽略了变压器的损耗，在考虑 EST 串联侧和并联侧绕组阻抗情况下，则可以推导得出 EST 的等效模型，如图 6-2 所示。

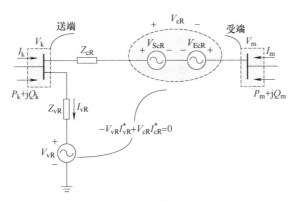

图 6-2　EST 的等效模型

　　在图 6-2 中，左侧为 EST 的送端，右侧为 EST 的受端，I_{k}、I_{m} 分别为 EST 送端和受端注入电流，V_{k}、V_{m} 分别为 k、m 端节点电压，I_{vR} 为流入 EST 并联侧的电流，V_{ScR}（$0 \leqslant V_{\mathrm{ScR}} \leqslant V_{\mathrm{ScRmax}}$）、$V_{\mathrm{EcR}}$（$0 \leqslant V_{\mathrm{EcR}} \leqslant V_{\mathrm{EcRmax}}$）分别为 EST 中正相补偿电压源的电压、反相补偿电压源的电压，V_{cR}（$V_{\mathrm{cRmin}} \leqslant V_{\mathrm{cR}} \leqslant V_{\mathrm{cRmax}}$）、$V_{\mathrm{vR}}$（$V_{\mathrm{vRmin}} \leqslant V_{\mathrm{vR}} \leqslant V_{\mathrm{vRmax}}$）分别为 EST 串联侧的补偿电压、并联侧的励磁电压，Z_{cR}、Z_{vR} 分别为串联侧、并联侧绕组的阻抗。

　　EST 并联侧发出或吸收的有功功率和无功功率等于串联侧吸收或发出的有功

功率和无功功率，即

$$-V_{vR}I_{vR}^* + V_{cR}I_m^* = 0 \tag{6-5}$$

式中，$V_{cR} = V_{ScR} - V_{EcR}$，$I_{vR}^*$、$I_m^*$ 分别为电流 I_{vR}、I_m 共轭。

根据图 6-2 的等效模型，注入节点 m 和 k 的有功功率和无功功率如下

$$P_k = V_k^2 G_{kk} + V_k V_{m*} \left[G_{km}\cos(\theta_k - \theta_{m*}) + B_{km}\sin(\theta_k - \theta_{m*}) \right] + \tag{6-6}$$
$$V_k V_{vR} \left[G_{vR}\cos(\theta_k - \delta_{vR}) + B_{vR}\sin(\theta_k - \delta_{vR}) \right]$$

$$Q_k = -V_k^2 B_{kk} - V_k V_{m*} \left[G_{km}\sin(\theta_k - \theta_{m*}) + B_{km}\cos(\theta_k - \theta_{m*}) \right] + \tag{6-7}$$
$$V_k V_{vR} \left[G_{vR}\sin(\theta_k - \delta_{vR}) - B_{vR}\cos(\theta_k - \delta_{vR}) \right]$$

$$P_{m*} = G_{mm} V_{m*}^2 + V_{m*} V_k \left[G_{mk}\cos(\theta_{m*} - \theta_k) + B_{mk}\sin(\theta_{m*} - \theta_k) \right] \tag{6-8}$$

$$Q_{m*} = -B_{mm} V_{m*}^2 + V_{m*} V_k \left[G_{mk}\sin(\theta_{m*} - \theta_k) - B_{mk}\cos(\theta_{m*} - \theta_k) \right] \tag{6-9}$$

EST 等效串联侧补偿电压源的注入功率为

$$P_{ScR} = V_{ScR} V_k \left[G_{mk}\cos(\delta_{ScR} - \theta_k) + B_{mk}\sin(\delta_{ScR} - \theta_k) \right] - \tag{6-10}$$
$$V_{ScR} V_{m*} \left[G_{mk}\cos(\theta_{m*} - \delta_{ScR}) + B_{mk}\sin(\delta_{ScR} - \theta_{m*}) \right]$$

$$Q_{ScR} = V_{ScR} V_k \left[G_{mk}\sin(\delta_{ScR} - \theta_k) - B_{mk}\cos(\delta_{ScR} - \theta_k) \right] + \tag{6-11}$$
$$V_{ScR} V_{m*} \left[-G_{mk}\sin(\delta_{ScR} - \theta_{m*}) + B_{mk}\cos(\delta_{ScR} - \theta_{m*}) \right]$$

$$P_{EcR} = V_{EcR} V_{m*} \left[G_{mk}\cos(\delta_{EcR} - \theta_{m*}) + B_{mk}\sin(\delta_{EcR} - \theta_{m*}) \right] - \tag{6-12}$$
$$V_{EcR} V_k \left[G_{mk}\cos(\delta_{EcR} - \theta_k) + B_{mk}\sin(\delta_{EcR} - \theta_k) \right]$$

$$Q_{EcR} = V_{EcR} V_{m*} \left[G_{mk}\sin(\delta_{EcR} - \theta_{m*}) - B_{mk}\cos(\delta_{EcR} - \theta_{m*}) \right] - \tag{6-13}$$
$$V_{EcR} V_k \left[G_{mk}\sin(\delta_{EcR} - \theta_k) - B_{mk}\cos(\delta_{EcR} - \theta_k) \right]$$

EST 并联侧电压源注入功率为

$$P_{vR} = -V_{vR}^2 G_{vR} + V_{vR} V_k \left[G_{vR}\cos(\delta_{vR} - \theta_k) + B_{vR}\sin(\delta_{vR} - \theta_k) \right] \tag{6-14}$$

$$Q_{vR} = V_{vR}^2 B_{vR} + V_{vR} V_k \left[G_{vR}\sin(\delta_{vR} - \theta_k) - B_{vR}\cos(\delta_{vR} - \theta_k) \right] \tag{6-15}$$

其中：

$$\begin{cases} Y_{kk} = G_{kk} + jB_{kk} = Z_{cR}^{-1} + Z_{vR}^{-1} \\ Y_{mm} = G_{mm} + jB_{mm} = Z_{cR}^{-1} \\ Y_{km} = Y_{mk} = G_{km} + jB_{km} = -Z_{cR}^{-1} \\ Y_{vR} = G_{vR} + jB_{vR} = -Z_{vR}^{-1} \\ V_{cR}\angle\delta_{cR} = V_{ScR}\angle\delta_{ScR} - V_{EcR}\angle\delta_{EcR} \\ V_{m*}\angle\theta_{m*} = V_{ScR}\angle\delta_{ScR} - V_{EcR}\angle\delta_{EcR} + V_m\angle\theta_m \end{cases} \tag{6-16}$$

式中，$\delta_{ScR}(0 \leqslant \delta_{ScR} \leqslant 2\pi)$，$\delta_{EcR}(\delta_{EcR} = 0, \pm 2\pi/3)$ 分别为 EST 中正相补偿电压源和反相补偿电压源的电压相角；$\delta_{vR}(0 \leqslant \delta_{vR} \leqslant 2\pi)$ 为并联侧的励磁电压相角。

6.1.2 EST 的功率不平衡方程

为解算含 EST 的电力系统潮流，需要将含 EST 的网络与外部网络相结合，

构造含 EST 的节点功率平衡方程与内部功率平衡方程，进而形成含 EST 的雅可比矩阵以进行迭代计算。式（6-17）和式（6-18）分别为 EST 内部约束条件构成的不平衡方程、EST 送端和受端节点 k、m 的有功功率和无功功率不平衡方程。

$$\begin{cases} \Delta P_{bb} = P_{ScR} + P_{EcR} + P_{vR} \\ \Delta Q_{bb} = Q_{ScR} + Q_{EcR} + Q_{vR} \end{cases} \tag{6-17}$$

$$\begin{cases} \Delta P_k = P'_k - P_k - V_k \sum_{i=1, i \neq k, m^*}^{i=n} V_i (G_{ki} \cos\delta_{ki} + B_{ki} \sin\delta_{ki}) \\ \Delta Q_k = Q'_k - Q_k - V_k \sum_{i=1, i \neq k, m^*}^{i=n} V_i (G_{ki} \sin\delta_{ki} - B_{ki} \cos\delta_{ki}) \\ \Delta P_{m^*} = P'_{m^*} - P_{m^*} - V_{m^*} \sum_{i=1, i \neq k, m^*}^{i=n} V_i (G_{m^*i} \cos\delta_{m^*i} + B_{m^*i} \sin\delta_{m^*i}) \\ \Delta Q_{m^*} = Q'_{m^*} - Q_{m^*} - V_{m^*} \sum_{i=1, i \neq k, m^*}^{i=n} V_i (G_{m^*i} \sin\delta_{m^*i} - B_{m^*i} \cos\delta_{m^*i}) \end{cases} \tag{6-18}$$

式中，$P'_k = P_{Gk} - P_{Dk}$，$Q'_k = Q_{Gk} - Q_{Dk}$ 分别为节点 k 的有功、无功注入功率，其值为节点 k 处发电机出力 P_{Gk} 和 Q_{Gk} 与节点负荷 P_{Dk}、Q_{Dk} 的差值；V_i 为节点 i 的电压幅值；$\delta_{ki} = \delta_k - \delta_i$ 为节点 k 和节点 i 的电压相角差，同样地，$\delta_{m^*i} = \delta_{m^*} - \delta_i$ 为相似含义；G_{ki} 和 B_{ki} 分别为节点导纳矩阵第 k 行第 i 列元素的实部和虚部，G_{m^*i} 和 B_{m^*i} 含义与此类似。

此外，对于 EST 的不同控制模式，控制变量和期望控制目标的关系如下。

（1）电压调节模式

在这种运行模式下，EST 仅调节输电线路的电压幅值而不改变电压相角。则

$$\begin{cases} V_m - V_{ref} = 0 \\ V_m = V_{original} \end{cases} \tag{6-19}$$

式中，$V_{original}$ 为系统未补偿时 EST 受端节点电压幅值；V_{ref} 为控制的目标电压幅值。

（2）相角调节模式

在这种运行模式下，EST 仅调节输电线路的电压相角，其幅值变化较小，在本章中为了观察相角变化给潮流带来的影响，不改变电压幅值。则

$$\begin{cases} \theta_m = \theta_{original} \\ \theta_m - \theta_{ref} = 0 \end{cases} \tag{6-20}$$

式中，$\theta_{original}$ 为系统未补偿时 EST 受端节点电压相角；θ_{ref} 为控制的目标电压相角。

（3）功率调节模式

在这种运行模式下，EST 主要调节输电线路的有功功率和无功功率。

$$\begin{cases}\Delta P_{m*k}=P_{m*k}-P_{\text{ref}}\\ \Delta Q_{m*k}=Q_{m*k}-Q_{\text{ref}}\end{cases} \tag{6-21}$$

式中，P_{ref}、Q_{ref}分别为控制的目标有功功率和无功功率。

因此，含 EST 电力系统的功率不平衡方程如式（6-22）所示。在式（6-22）的雅可比矩阵中，其分为两部分，在粗虚线的左上部分为传统电力系统的雅可比矩阵，其右下部分为 EST 控制目标与运行约束组成的雅可比矩阵。

$$\begin{bmatrix}\Delta P_k\\ \Delta P_{m*}\\ \Delta Q_k\\ \Delta Q_{m*}\\ \hdashline \Delta P_{m*k}\\ \Delta Q_{m*k}\\ \Delta P_{bb}\\ \Delta Q_{bb}\end{bmatrix}=\begin{bmatrix}\dfrac{\partial P_k}{\partial\theta_k}&\dfrac{\partial P_k}{\partial\theta_{m*}}&\dfrac{\partial P_k}{\partial V_k}V_k&\dfrac{\partial P_k}{\partial V_{m*}}V_{m*}&\vdots&\dfrac{\partial P_k}{\partial\delta_{cR}}&\dfrac{\partial P_k}{\partial V_{cR}}V_{cR}&\dfrac{\partial P_k}{\partial\delta_{vR}}&\dfrac{\partial P_k}{\partial V_{vR}}V_{vR}\\[2mm] \dfrac{\partial P_{m*}}{\partial\theta_k}&\dfrac{\partial P_{m*}}{\partial\theta_m}&\dfrac{\partial P_{m*}}{\partial V_k}V_k&\dfrac{\partial P_{m*}}{\partial V_{m*}}V_{m*}&\vdots&\dfrac{\partial P_{m*}}{\partial\delta_{cR}}&\dfrac{\partial P_{m*}}{\partial V_{cR}}V_{cR}&\dfrac{\partial P_{m*}}{\partial\delta_{vR}}&\dfrac{\partial P_{m*}}{\partial V_{vR}}V_{vR}\\[2mm] \dfrac{\partial Q_k}{\partial\theta_k}&\dfrac{\partial Q_k}{\partial\theta_{m*}}&\dfrac{\partial Q_k}{\partial V_k}V_k&\dfrac{\partial Q_k}{\partial V_{m*}}V_{m*}&\vdots&\dfrac{\partial Q_k}{\partial\delta_{cR}}&\dfrac{\partial Q_k}{\partial V_{cR}}V_{cR}&\dfrac{\partial Q_k}{\partial\delta_{vR}}&\dfrac{\partial Q_k}{\partial V_{vR}}V_{vR}\\[2mm] \dfrac{\partial Q_{m*}}{\partial\theta_k}&\dfrac{\partial Q_{m*}}{\partial\theta_m}&\dfrac{\partial Q_{m*}}{\partial V_k}V_k&\dfrac{\partial Q_{m*}}{\partial V_{m*}}V_{m*}&\vdots&\dfrac{\partial Q_{m*}}{\partial\delta_{cR}}&\dfrac{\partial Q_{m*}}{\partial V_{cR}}V_{cR}&\dfrac{\partial Q_{m*}}{\partial\delta_{vR}}&\dfrac{\partial Q_{m*}}{\partial V_{vR}}V_{vR}\\[2mm] \hdashline \dfrac{\partial P_{m*k}}{\partial\theta_k}&\dfrac{\partial P_{m*k}}{\partial\theta_{m*}}&\dfrac{\partial P_{m*k}}{\partial V_k}V_k&\dfrac{\partial P_{m*k}}{\partial V_{m*}}V_{m*}&\vdots&\dfrac{\partial P_{m*k}}{\partial\delta_{cR}}&\dfrac{\partial P_{m*k}}{\partial V_{cR}}V_{cR}&\dfrac{\partial P_{m*k}}{\partial\delta_{vR}}&\dfrac{\partial P_{m*k}}{\partial V_{vR}}V_{vR}\\[2mm] \dfrac{\partial Q_{m*k}}{\partial\theta_k}&\dfrac{\partial Q_{m*k}}{\partial\theta_{m*}}&\dfrac{\partial Q_{m*k}}{\partial V_k}V_k&\dfrac{\partial Q_{m*k}}{\partial V_{m*}}V_{m*}&\vdots&\dfrac{\partial Q_{m*k}}{\partial\delta_{cR}}&\dfrac{\partial Q_{m*k}}{\partial V_{cR}}V_{cR}&\dfrac{\partial Q_{m*k}}{\partial\delta_{vR}}&\dfrac{\partial Q_{m*k}}{\partial V_{vR}}V_{vR}\\[2mm] \dfrac{\partial P_{bb}}{\partial\theta_k}&\dfrac{\partial P_{bb}}{\partial\theta_{m*}}&\dfrac{\partial P_{bb}}{\partial V_k}V_k&\dfrac{\partial P_{bb}}{\partial V_{m*}}V_{m*}&\vdots&\dfrac{\partial P_{bb}}{\partial\delta_{cR}}&\dfrac{\partial P_{bb}}{\partial V_{cR}}V_{cR}&\dfrac{\partial P_{bb}}{\partial\delta_{vR}}&\dfrac{\partial P_{bb}}{\partial V_{vR}}V_{vR}\\[2mm] \dfrac{\partial Q_{bb}}{\partial\theta_k}&\dfrac{\partial Q_{bb}}{\partial\theta_{m*}}&\dfrac{\partial Q_{bb}}{\partial V_k}V_k&\dfrac{\partial Q_{bb}}{\partial V_{m*}}V_{m*}&\vdots&\dfrac{\partial Q_{bb}}{\partial\delta_{cR}}&\dfrac{\partial Q_{bb}}{\partial V_{cR}}V_{cR}&\dfrac{\partial Q_{bb}}{\partial\delta_{vR}}&\dfrac{\partial Q_{bb}}{\partial V_{vR}}V_{vR}\end{bmatrix}\begin{bmatrix}\Delta\theta_k\\ \Delta\theta_{m*}\\ \dfrac{\Delta V_k}{V_k}\\ \dfrac{\Delta V_{m*}}{V_{m*}}\\ \Delta\delta_{cR}\\ \dfrac{\Delta V_{cR}}{V_{cR}}\\ \Delta\delta_{vR}\\ \dfrac{\Delta V_{vR}}{V_{vR}}\end{bmatrix} \tag{6-22}$$

6.2 含 EST 的潮流计算步骤和流程图

基于统一迭代法的含 EST 电力系统潮流计算流程图如图 6-3 所示。其具体步骤为：

1）确定 EST 的控制模式和潮流控制目标。

2）设置电力网络中各节点与 EST 串、并联侧电压初值。

3）根据式（6-6）~式（6-15）计算 EST 送端、受端及串、并联侧电压源产生的有功功率、无功功率，同时计算各节点有功功率、无功功率。

4）由式（6-17）～式（6-21）计算功率差值；判断其是否满足允许误差，若是，则潮流收敛，否则执行步骤5）。

5）判断迭代次数是否大于设定值，若是，则潮流不收敛，说明达不到控制目标，结束求解，否则执行步骤6）。

6）计算含有 EST 的雅可比矩阵，求出 ΔV_i、$\Delta \theta_i$、ΔV_{vR}、$\Delta \delta_{vR}$、ΔV_{cR}、$\Delta \delta_{cR}$。

7）更新状态变量 V_i、θ_i、V_{vR}、δ_{vR}、V_{cR}、δ_{cR}，并校核 V_{vR}、V_{cR} 是否越限，若越上限，$V_{vR} = V_{vRmax}$、$V_{cR} = V_{cRmax}$；若越下限，$V_{vR} = V_{vRmin}$、$V_{cR} = V_{cRmin}$，返回步骤3）。

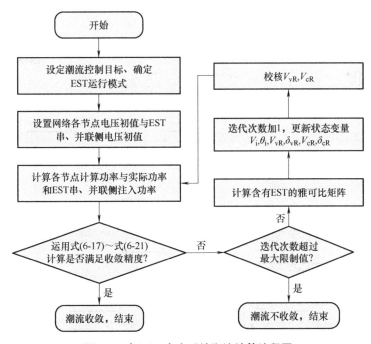

图 6-3　含 EST 电力系统潮流计算流程图

6.3　算例分析

为了验证本章所提模型的有效性，算例分析在一个修改的 IEEE 6 机 30 节点系统和一个修改的 IEEE 54 机 118 节点系统中展开，并考虑了 EST 的不同运行模式，借助 MATLAB/Simulink 仿真平台建立仿真模型，利用 load flow 工具包计算系统潮流结果。同时，依据第 6.2 节所述方法步骤，利用 MATLAB 软件编写算法程序，通过比较文中所提模型与软件仿真所得系统各节点电压幅值和相角，以验证本章所提潮流模型的有效性。

6.3.1 算例 1：一个修改的 IEEE 6 机 30 节点系统

在系统中安装两个 EST，含 EST 修改的 IEEE 6 机 30 节点系统如图 6-4 所示。EST1 连接到输电线路 3-31 和线路 12-32，其中节点 31、32 为接入 EST 后系统引入的附加节点，即 EST 的受端节点。EST 仿真模型参数设置见表 6-1。忽略绕组的有功损耗，EST 的串、并联侧等效电抗为 $X_{cR1} = X_{cR2} = 0.08\text{p.u.}$ 和 $X_{vR1} = X_{vR2} = 0.08\text{p.u.}$，允许误差为 $\varepsilon = 10 \sim 12$，最大迭代次数为 100。此外，为了充分证明所提 EST 模型的有效性，忽略 EST 调节时的离散特征，即考虑 EST 能实现连续调节。

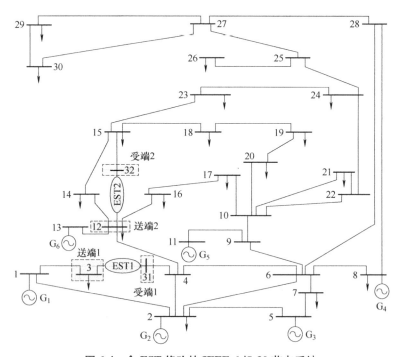

图 6-4 含 EST 修改的 IEEE 6 机 30 节点系统

对于 EST 的不同控制模式，进行了如下 6 个场景测试：

场景 1：EST1 和 EST2 未进行补偿。

场景 2：两个 EST 都工作于功率调节模式，EST1 和 EST2 的有功功率控制目标分别为 $P_{ref1} = -0.7093\text{p.u.}$ 和 $P_{ref2} = 0.0572\text{p.u.}$，无功功率为 $Q_{ref1} = 0.210\text{p.u.}$ 和 $Q_{ref2} = 0.0925\text{p.u.}$。

场景 3：EST1 和 EST2 同相补偿时，其受端控制的电压幅值分别为

1.0567p. u. 和 1.0876p. u.。

场景 4：EST1 和 EST2 反相补偿时，其受端控制的电压幅值分别为 0.9817p. u. 和 1.0276p. u.。

场景 5：EST1 和 EST2 相角超前补偿时，其受端控制的电压相角分别为 -5.841°和-10°。

场景 6：EST1 和 EST2 相角滞后补偿时，其受端控制的电压相角分别为 -9.481°和-20°。

表 6-1　EST 仿真模型参数设置

参 数 类 型	参　　数	值
基准值	额定功率	100MVA
	频率	60Hz
电压	励磁侧绕组/相	192300V（1.0p. u.）
	二次绕组电压范围/相	（0~38460V）（0~0.20p. u.）
漏抗	励磁侧绕组/相	0.08p. u.
	二次绕组电压范围/相	0.08p. u.
励磁阻抗	电阻（R_m）	1000p. u.
	电感（L_m）	1000p. u.

当 EST 工作于功率调节模式，即场景 2 时，其仿真得到串联补偿电压、有功功率和无功功率，解析计算与仿真结果对比见表 6-2。为了便于比较，通过本章所提计算方法得到的解析解也列于表 6-2。仿真与所提模型的各节点电压幅值和电压相角比较分别如图 6-5 和图 6-6 所示。当 EST 工作于电压调节和相角调节模式时，EST1 和 EST2 送端、受端电压和串联补偿电压的仿真结果和解析计算结果见表 6-3。

表 6-2　解析计算与仿真结果对比

参　　数		场景 1		场景 2	
		线路 3-31	线路 12-32	线路 3-31	线路 12-32
解析计算结果	P_{rec}/p. u.	-0.8227	-0.1763	-0.7093	0.0572
	Q_{rec}/p. u.	0.0424	-0.0611	0.210	0.0925
	V_{cR}/p. u.	—	—	$0.0632\angle24.143°$	$0.1060\angle14.572°$
仿真结果	P_{rec}/p. u.	-0.8230	-0.1761	-0.7093	0.0572
	Q_{rec}/p. u.	0.0422	-0.0614	0.210	0.0925
	V_{cR}/p. u.	—	—	$0.0633\angle23.861°$	$0.110\angle13.949°$

在表 6-2 中，由于场景 1 两个 EST 都未补偿，其不存在串联补偿电压，受端节点分别为节点 3 和节点 12，其中节点 3 和节点 12 解析计算得到的电压分别为 $1.0217\angle-7.841°$ 和 $1.0576\angle-15°$，仿真结果为 $1.0214\angle-7.510°$ 和 $1.0574\angle-15.03°$。从表 6-2 可以看出，EST1 和 EST2 利用本章所提模型与仿真计算得到串联补偿电压幅值的最大误差为 EST2 的 3.63%，电压相角相差 $0.623°$，其误差在合理的范围内。而从图 6-5 和图 6-6 可知，EST1 所调节线路 3-4 受端节点 4 处的电压幅值和相角与未补偿时分别相差 0.0164p.u. 和 $0.920°$，但是相对于 EST2 所调节线路 12-15 的受端节点 15，其差异小于节点 15 的 0.0568p.u. 和 $2.460°$。究其原因，EST2 串联补偿电压幅值大于 EST1 的电压幅值，说明了 EST 串联补偿的电压越大，对所调节线路的潮流影响也越大。同时，补偿时节点 14~27 的电压幅值和相角都与未补偿时差异较大，其差异最小的节点 16 为 0.0107p.u. 和 $0.93°$。表明 EST 的接入对整个系统的潮流分布都存在一定的影响。

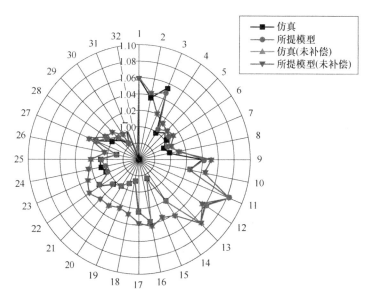

图 6-5 仿真与所提模型的各节点电压幅值比较

此外，从表 6-3 可以看出，当 EST 工作于场景 3 和场景 4 时，即电压调节模式时，线路 3-31 和线路 12-32 的受端电压相角分别为 $-7.481°$ 和 $-15.0°$，则电压相角与未补偿时一致。而当 EST 工作于工况 5 和工况 6 时，即相角调节模式时，线路 3-31 和线路 12-32 受端电压幅值分别为 1.0217p.u. 和 1.0576p.u.，则电压幅值与未补偿时一致，与 5.2.1 节理论分析结果一致，由此证明了本章所提模型的有效性。

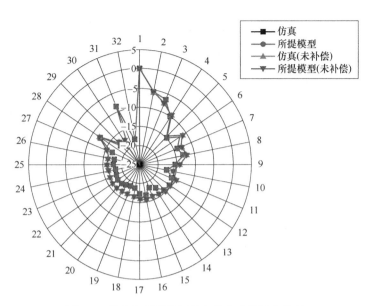

图 6-6　仿真与所提模型的各节点电压相角比较

表 6-3　EST1 和 EST2 送端、受端电压和串联补偿电压的仿真结果和解析计算结果

参　　数		场景 3		场景 4	
		线路 3-31	线路 12-32	线路 3-31	线路 12-32
解析 计算 结果	V_{send}/p. u.	$0.9222\angle-7.706°$	$1.0611\angle-14.47°$	$1.1148\angle-7.484°$	$1.0526\angle-15.60°$
	V_{rec}/p. u.	$1.0567\angle-7.481°$	$1.0876\angle-15.0°$	$0.9817\angle-7.481°$	$1.0276\angle-15.0°$
	V_{cR}/p. u.	$0.1794\angle-164.0°$	$0.0378\angle170.87°$	$0.1597\angle-30.28°$	$0.0324\angle-37.16°$
仿真 结果	V_{send}/p. u.	$0.9220\angle-7.710°$	$1.0622\angle-14.55°$	$1.1142\angle-7.496°$	$1.0529\angle-15.62°$
	V_{rec}/p. u.	$1.0573\angle-7.51°$	$1.0884\angle-15.0°$	$0.9823\angle-7.495°$	$1.0274\angle-15.11°$
	V_{cR}/p. u.	$0.180\angle-164.0°$	$0.0379\angle170.90°$	$0.1560\angle-30.28°$	$0.0328\angle-37.16°$
参　　数		场景 5		场景 6	
		线路 3-31	线路 12-32	线路 3-31	线路 12-32
解析 计算 结果	V_{send}/p. u.	$1.0\angle-9.455°$	$1.0568\angle-14.26°$	$1.0201\angle-5.775°$	$1.0559\angle-15.64°$
	V_{rec}/p. u.	$1.0217\angle-5.481°$	$1.0576\angle-10.0°$	$1.0217\angle-9.481°$	$1.0576\angle-20.0°$
	V_{cR}/p. u.	$0.1507\angle-102.0°$	$0.106\angle-101.28°$	$0.0162\angle96.088°$	$0.0828\angle82.163°$
仿真 结果	V_{send}/p. u.	$1.0\angle-9.461°$	$1.0563\angle-14.26°$	$1.0208\angle-5.78°$	$1.0563\angle-15.63°$
	V_{rec}/p. u.	$1.0220\angle-5.478°$	$1.0571\angle-10.0°$	$1.0223\angle-9.487°$	$1.0572\angle-20.0°$
	V_{cR}/p. u.	$0.1504\angle-102.1°$	$0.1063\angle-101.3°$	$0.0164\angle96.095°$	$0.0830\angle82.169°$

6.3.2 算例 2：一个修改的 IEEE 54 机 118 节点系统

在该测试系统中，比较了在不同运行模式时 EST 和 ST 的控制精度。在该系统中安装了 3 个 EST，它们分别安装在线路 20-21、44-45 和线路 94-95 上，则 3 个附加节点 119、120 和 121 分别作为 EST1、EST2 和 EST3 的受端节点。含 EST 修改的 IEEE 54 机 118 节点系统如附录 B 中图 B-1 所示。

根据本章 5.1.2 节分析，EST 的反相二次绕组能增加传统 ST 的运行域。当 EST 和 ST 的运行域相同，则 EST 的分接步长可以减小为 ST 的一半实现相同的运行域。因此，在本算例中，EST 的调节步长为 0.01p. u.，而 ST 的调节步长为 0.02p. u.，分接头数目均为 10，详细的测试场景如下：

场景 1：EST1、EST2 和 EST3 都未对系统进行补偿。

场景 2：EST1、EST2 和 EST3 均工作于功率调节模式，其控制线路的目标有功功率分别为 $P_{ref1} = 0.35$p. u.、$P_{ref2} = 0.45$p. u. 和 $P_{ref3} = 0.5$p. u.，无功功率分别为 $Q_{ref1} = -0.07$p. u.，$Q_{ref2} = -0.07$p. u. 和 $Q_{ref3} = 0.09$p. u.。

场景 3：EST1、EST2 和 EST3 工作于电压调节模式，且进行同相补偿，其控制的期望电压幅值分别为 1.0066p. u.、1.0063p. u. 和 1.0184p. u.。

场景 4：3 个 EST 工作于电压调节模式，但它们是反相补偿，期望电压幅值分别为 0.9066p. u.、0.9263p. u. 和 0.9584p. u.。

场景 5：EST1、EST2 和 EST3 工作于相角调节模式，且都进行超前补偿，其控制的期望电压相角分别为 13.154°、15.864°和 30.675°。

场景 6：EST1、EST2 和 EST3 进行滞后补偿，其控制的期望电压相角分别为 11.154°、12.464°和 26.675°。

当 EST（ST）工作于功率调节模式时，解析计算结果比较见表 6-4。当 EST（ST）工作于电压调节和相角调节模式时，解析计算结果比较见表 6-5。此外，在这 6 种不同的工作场景下，其仿真结果与解析计算结果见附录 B 中 B-1。

表 6-4　EST 与 ST 在场景 2 下解析计算结果比较

参　数		场景 2（EST）			场景 2（ST）		
		20-119	44-120	94-121	20-119	44-120	94-121
目标值	P_{ref}/p. u.	0.350	0.450	0.50	0.350	0.450	0.50
	Q_{ref}/p. u.	−0.070	−0.070	0.090	−0.070	−0.070	0.090
解析计算	P_{rec}/p. u.	0.3485	0.4463	0.5	0.3483	0.4568	0.4002
	Q_{rec}/p. u.	−0.0678	−0.0662	0.09	−0.0677	−0.0611	0.0836
	V_{cR}/p. u.	0.0721	0.1323	0.1992	0.0721	0.140	0.1744
	θ_{cR}（°）	106.078	79.07	90.81	106.1	81.775	87.75

（续）

参　数		场景 2（EST）			场景 2（ST）		
		20-119	44-120	94-121	20-119	44-120	94-121
相对误差	P_{rec}（%）	0.43	0.82	0	0.49	1.51	19.96
	Q_{rec}（%）	3.14	5.43	0	3.29	12.71	7.11

从表 6-4 可以看出，EST 和 ST 都能够有效控制输电线路 20-119 和 44-120 的潮流，但是从输电线路 94-121 的控制效果来看，期望的潮流控制目标超过了装置的调节范围，因此其最大调节误差达到了 19.96%。同时从表 6-5 可以看出，EST 和 ST 工作在场景 5~6 时，EST 的实际调控值与期望值之间的误差小于 ST。EST 的总体误差范围为 0.0009%~5.43%，而 ST 的总体误差范围为 0.06%~19.96%。则可证明 EST 的控制精度高于传统 ST。

表 6-5　EST 与 ST 在场景 3~6 下解析计算结果比较

参　数		场景 3（EST）			场景 3（ST）		
		20-119	44-120	94-121	20-119	44-120	94-121
目标值	V_{ref}（p.u.）	1.0066	1.0063	1.0184	1.0066	1.0063	1.0184
	θ_{ref}（°）	12.154	14.164	28.675	12.154	14.164	28.675
解析计算	V_{rec}（p.u.）	1.001	1.0067	1.0175	0.9965	1.005	1.0225
	θ_{rec}（°）	12.010	14.183	28.585	11.783	14.068	28.693
	V_{cR}（p.u.）	0.0755	0.1852	0.070	0.0721	0.180	0.080
	θ_{cR}（°）	173.409	182.678	-120	166.11	180	-120
相对误差	V_{rec}（%）	0.56	0.04	0.09	1.00	0.13	0.40
	θ_{rec}（%）	1.18	0.13	0.31	3.05	0.68	0.06
参　数		场景 4（EST）			场景 4（ST）		
		20-119	44-120	94-121	20-119	44-120	94-121
目标值	V_{ref}/p.u.	0.9066	0.9263	0.9584	0.9066	0.9263	0.9584
	θ_{ref}（°）	12.154	14.164	28.675	12.154	14.164	28.675
解析计算	V_{rec}/p.u.	0.9053	0.9272	0.9575	0.9036	0.9272	0.9624
	θ_{rec}（°）	12.048	14.022	28.667	12.416	14.192	28.487
	V_{cR}/p.u.	0.0781	0.14	0.05	0.0781	0.14	0.04
	θ_{cR}（°）	33.670	21.786	0	26.33	21.786	0
相对误差	V_{rec}（%）	0.14	0.10	0.09	0.33	0.10	0.42
	θ_{rec}（%）	0.87	1.00	0.03	2.16	0.20	0.66

（续）

参　　数		场景 5（EST）			场景 5（ST）		
		20-119	44-120	94-121	20-119	44-120	94-121
目标值	V_{ref}/p. u.	0.9566	0.9663	0.9884	0.9566	0.9663	0.9884
	θ_{ref}（°）	13.154	15.864	30.675	13.154	15.864	30.675
解析计算	V_{rec}/p. u.	0.9583	0.9675	0.9861	0.9585	0.9648	0.9857
	θ_{rec}（°）	13.778	15.69	30.905	14.063	15.528	31.17
	V_{cR}/p. u.	0.044	0.19	0.11	0.0529	0.202	0.12
	θ_{cR}（°）	−80	−73.17	−60	−79.183	−70.59	−60
相对误差	V_{rec}（%）	0.18	0.12	0.23	0.20	0.16	0.76
	θ_{rec}（%）	4.74	1.16	0.75	7.51	2.12	1.61
参　　数		场景 6（EST）			场景 6（ST）		
		20-119	44-120	94-121	20-119	44-120	94-121
目标值	V_{ref}/p. u.	0.9566	0.9663	0.9884	0.9566	0.9663	0.9884
	θ_{ref}（°）	11.154	12.464	26.675	11.154	12.464	26.675
解析计算	V_{rec}/p. u.	0.9582	0.9654	0.9803	0.9619	0.9678	0.9803
	θ_{rec}（°）	11.625	12.373	26.807	11.635	12.343	26.807
	V_{cR}/p. u.	0.04	0.0173	0.0346	0.04	0.02	0.0346
	θ_{cR}（°）	120	90	120	120	120	120
相对误差	V_{rec}（%）	0.0017	0.0009	0.0082	0.55	0.16	0.82
	θ_{rec}（%）	4.22	0.73	0.49	4.31	0.97	0.49

6.4　本章小结

为了发展基于 EST 的潮流计算理论与方法，本章建立了一种适用于统一迭代潮流计算的 EST 稳态潮流模型。在一个含 EST 修改的 IEEE 6 机 30 节点和一个 IEEE 54 机 118 节点系统中，通过比较在电压调节、相角调节和功率调节模式下文中所提模型与仿真得出的系统各节点电压幅值、相角和串联补偿电压，其误差在合理的范围内，验证了所提模型的有效性。此外，得到了以下结论：

1）本章所提的 EST 模型考虑了 EST 的三种不同控制模式，即功率调节模式、电压调节模式和相角调节模式，增强了该模型的实用性。

2）EST 和 ST 的额定容量相同时，且分接头数目相同时，EST 的调节步长可减少为 ST 的一半，使得 EST 的控制精度更高。

第7章

含EST的电网优化潮流控制策略研究

7.1 三点估计法与NSGA-Ⅱ原理介绍

7.1.1 三点估计法理论基础

若 $Z=H(X)$ 是 n 维随机变量 $X=(X_k)(k=1,2,\cdots,n)$ 的非线性函数，将 m 个估计点 $x_{k,i}(i=1,2,\cdots,m)$ 作为输入随机变量得到 Z 的各阶矩。其中估计点 $x_{k,i}$ 对应的权重系数为 $\omega_{k,i}$。$x_{k,i}$ 可以由均值 μ_k 以及标准差 σ_k 计算得出，其计算公式为

$$x_{k,i}=\mu_k+\xi_{k,i}\sigma_k \tag{7-1}$$

式中，$\xi_{k,i}$ 为标准位置；权重系数 $\omega_{k,i}$ 为

$$\sum_{k=1}^{n}\sum_{i=1}^{m}\omega_{k,i}=1 \tag{7-2}$$

标准位置 $\xi_{k,i}$ 和权重 $\omega_{k,i}$ 可由下式得到。

$$\begin{cases} \sum_{i=1}^{m}\omega_{k,i}=1/n & k=1,2,\cdots,n \\ \sum_{i=1}^{m}\omega_{k,i}\xi_{k,i}^{j}=\lambda_{k,j} & j=1,2,\cdots,2m-1 \end{cases} \tag{7-3}$$

式中，$\lambda_{k,j}$ 为随机变量 X_k 第 j 阶中心矩 $M_j(X_k)$ 和标准差 σ_k 的 j 次方之比，如下所示

$$\begin{cases} \lambda_{k,j}=M_j(X_k)/\sigma_k^{j} \\ M_j(X_k)=\int_{-\infty}^{+\infty}(X_k-\mu_k)^{j}f(x)\,\mathrm{d}x \end{cases} \tag{7-4}$$

式中，$f(x)$ 为概率密度函数。

由式（7-4）可得，$\lambda_{k,1}=0$、$\lambda_{k,2}=1$，$\lambda_{k,3}$ 和 $\lambda_{k,4}$ 分别为随机变量的第三阶中心矩和第四阶中心矩，对于正态概率分布，其值分别为 0 和 3。

根据 $Z=H(X)$ 中 Z 和 X 的关系，只要得到标准位置 $\xi_{k,i}$ 和每个估计点位置 $x_{k,i}$ 的权重 $\omega_{k,i}$，就可以求得输出变量 Z 的各阶矩的估计值：

$$E(Z^l) \approx \sum_{k=1}^{n}\sum_{i=1}^{m} w_{k,i}H^l(\mu_1,\mu_2,\cdots,x_{k,i},\cdots,\mu_n) \quad l=1,2,\cdots \tag{7-5}$$

当 $l=1$ 时，$E(Z)$ 为 Z 的均值，当 $l=2$ 时，Z 的标准方差如下式所示

$$\sigma_Z = \sqrt{E(\mathbf{Z}^2)-E^2(\mathbf{Z})} \tag{7-6}$$

当 $m=3$ 时，其为三点估计法。根据式（7-2）和式（7-3），由第三阶中心 $\lambda_{k,3}$（偏度）和第四阶中心距 $\lambda_{k,4}$（峰度）提供的统计信息可以得到标准位置 $\xi_{k,i}$ 和每个位置的权重 $\omega_{k,i}$ 的解析解。

$$\begin{cases} \xi_{k,i}=\dfrac{\lambda_{k,3}}{2}+(-1)^{3-i}\sqrt{\lambda_{k,4}-\dfrac{3}{4}\lambda_{k,3}^2} & i=1,2 \\[2mm] \xi_{k,3}=0 \\[2mm] \omega_{k,i}=\dfrac{(-1)^{3-i}}{\xi_{k,i}(\xi_{k,i}-\xi_{k,i})} & i=1,2 \\[2mm] \omega_{k,3}=\dfrac{1}{n}-\dfrac{1}{\lambda_{k,4}-\lambda_{k,3}^2} \end{cases} \tag{7-7}$$

进而，根据式（7-1）可求出位置 $x_{k,i}$。然后，应用式（7-5）和式（7-6）可得出输出变量 Z 的各阶矩 $E(Z^l)$ 和 Z 的标准方差 δ_Z。

7.1.2 NSGA-II 原理

NSGA-II 算法是一种常用的多目标优化算法，其具体的计算原理如下：

1）种群初始化，种群的每个个体为控制变量。

2）根据非支配理论对初始化种群进行排序，Pareto 等级为 1 的个体定义为不受种群中其他个体的支配，Pareto 等级为 2 的个体仅受 Pareto 等级为 1 的个体所支配，后续 Pareto 等级以此类推。

3）种群中个体的排名是根据它们所在的 Pareto 等级所确定的，即排名为 1 的个体属于 Pareto 第一等级，排名为 2 的个体属于 Pareto 第二等级。

4）拥挤度分配给每个个体，拥挤度表明一个个体与其相邻个体的相似性，拥挤度的值越大，表明种群的多样性就越好。

5）考虑到个体的排名和拥挤度，采用二进制竞标赛机制选取父代。其中，排名越高或拥挤度越高的个体越容易被选中。

6）父代通过交叉和变异产生子代。

7）产生新的种群，将新的种群与之前的种群再一次进行排序。然后根据 Pareto 等级最低的排名和拥挤度，进一步选取一个和原来相同规模大小的新种群。

7.2　含有 EST 电力系统的概率潮流计算方法

7.2.1　风电和负荷的概率模型

1）风力发电机出力的概率密度函数一般与风速一致，风速概率密度函数通常服从威布尔分布，其表达式如下

$$f_{\mathrm{w}}(v)=\left(\frac{k'}{c}\right)\left(\frac{v}{c}\right)^{k'-1}\exp\left[-\left(\frac{v}{c}\right)^{k'}\right] \tag{7-8}$$

式中，v 为风速，单位为 km/s；k' 和 c 分别为形状参数和尺度参数。

$$k'=\left(\frac{\sigma}{\mu}\right)^{-1.086} \tag{7-9}$$

$$c=\frac{\mu}{\Gamma\left(1+\dfrac{1}{k'}\right)} \tag{7-10}$$

式（7-9）中，σ、μ 分别为风速的均方差和均值。

式（7-10）中，伽马函数 $\Gamma(1+x)=x\Gamma(x)$，且

$$\Gamma(x)=\sqrt{2\pi x}\,x^{x-1}\mathrm{e}^x\left(1+\frac{1}{12x}+\frac{1}{288x^2}+\cdots\right) \tag{7-11}$$

2）对于负荷的波动，一般认为服从正态概率分布，其概率密度函数如下式

$$\begin{cases} f(P)=\dfrac{1}{\sqrt{2P\delta_{\mathrm{P}}}}\exp\left[-\dfrac{(P-\mu_{\mathrm{P}})^2}{2\delta_{\mathrm{P}}^2}\right] \\[4mm] f(Q)=\dfrac{1}{\sqrt{2Q\delta_{\mathrm{Q}}}}\exp\left[-\dfrac{(Q-\mu_{\mathrm{Q}})^2}{2\delta_{\mathrm{Q}}^2}\right] \end{cases} \tag{7-12}$$

式中，P 和 Q 分别为负荷的有功功率和无功功率；μ_{P} 和 δ_{P} 分别为有功功率的均值和均方差；μ_{Q} 和 δ_{Q} 分别为无功功率的均值和均方差。

7.2.2　含有 EST 的电网概率潮流计算流程

由于潮流控制器在电力系统调控潮流时，其调控的范围存在一定的限度，一般为额定电压的 0.1p.u. 左右。因此，为了能够在含有 EST 的电力系统中获取最佳的调控方案，且满足 EST 的实际调控要求，以 EST 的补偿电压 V_{cR} 作为一个

控制变量。计算含有 EST 的系统潮流时，其 EST 所在线路潮流不平衡方程 (6-14)~方程（6-16）需修正为

$$\begin{cases} V_{cR} = V_{cR}^{ref} \\ \delta_{cR} = \delta_{cR}^{ref} \end{cases} \tag{7-13}$$

对于含有 EST 的电力系统，概率潮流的具体计算流程如下：

1）根据 7.2.1 节对风力发电机和负荷的建模方法，获取发电机的有功功率 P_g、无功功率 Q_g 与随机波动负荷的有功功率 P_L 和无功功率 Q_L，并将它们作为输入变量。

2）计算各变量的第三、四阶中心矩，然后应用式（7-7）可计算出标准位置 $\xi_{k,i}$ 和每个位置的权重 $\omega_{k,i}$。

3）由式（7-1）计算位置 $x_{k,i}$，然后将各变量位置 $P_{gk,i}$，$Q_{gk,i}$，$P_{Lk,i}$ 和 $Q_{Lk,i}$ 替换到相应的节点，进一步解算含有 EST 的电力系统潮流。

4）通过潮流计算就可以得到各支路潮流和各节点电压结果，然后应用式（7-5）和式（7-6）就可得到输出变量的期望值和均方差。

7.3 含 EST 电网的优化潮流控制策略

在含有风电的电网中，由于其出力的不确定性、波动性和间歇性给电力系统的可靠运行带来了巨大的挑战。增加电力系统的可预测性，即尽量消除系统的不确定性可有效增强系统运行的可靠性。而运用 EST 可以有效改善电力系统的潮流分布，抑制系统潮流波动程度，从而能使系统更加安全可靠地运行。

7.3.1 电力系统可预测性指标

由于在实际的电力系统中，新能源的注入与负荷波动，给系统的运行带来了不确定性。电力系统的随机变量（例如节点电压、线路功率）的标准差大小反映了该变量的波动程度，标准差越小，表示系统的确定性就越好，也就意味着系统运行人员可以更好地进行风险管理。参考文献 [68] 将其定义为电力系统可预测性指标，通过期望值对其标准化，表达式如下

$$PI = \frac{|\mu[Y]|}{\sigma[Y]} \tag{7-14}$$

通过式（7-14）可看出，PI 的值越大，系统的可预测性就越好，反之越差。而对于实际的电力系统，一般分为电压可预测性指标（Voltage Predictability Index，VPI）和线路有功功率可预测性指标（Active Power Flow Predictability Index，PPI），定义如下

$$\text{VPI} = \cfrac{1}{\sum_{i=1}^{N_{\text{bus}}} c_{V_i} \times \cfrac{\sigma[V_i]}{|\mu[V_i]|}} \tag{7-15}$$

$$\text{PPI} = \cfrac{1}{\sum_{l=1}^{N_{\text{line}}} c_{P_l} \times \cfrac{\sigma[P_l]}{|\mu[P_l]|}} \tag{7-16}$$

式（7-15）和式（7-16）中，c_{V_i} 和 c_{P_l} 分别为节点和线路的权重系数。

7.3.2　目标函数

本章从增加系统可预测性和降低系统损耗角度，对 EST 的选址和补偿开展优化研究，形成相应的调控策略。其目标函数如下

$$\underset{l,V_{\text{cR}}^{\text{ref}},\delta_{\text{cR}}^{\text{ref}}}{\text{min imize}} \left\{ \sum_{l=1}^{N_{\text{line}}} \frac{\sigma[P_l]}{|\mu[P_l]|}, \mu[P_{\text{loss}}] \right\} \tag{7-17}$$

式（7-17）中第一个目标函数为系统的线路有功功率可预测性指标的倒数，即增加系统的可预测性必须使其倒数最小，第二个目标函数为系统线路损耗的均值。而对于控制变量，由于 EST 装置调控时一般是根据补偿电压幅值和相角获取有载分接开关的分接头位置，因此选取 EST 的补偿电压幅值 $V_{\text{cR}}^{\text{ref}}$ 和相角 $\delta_{\text{cR}}^{\text{ref}}$，以及 EST 所在线路的位置 l 作为控制变量。

其中目标函数中使用有功功率可预测性指标，其目的是潮流控制器一般是增大系统输电可传输能力，而评估是与线路的有功功率紧密相关的，因此选取目标函数只考虑了有功功率可预测性指标。此外，在式（7-16）中的线路权重系数 c_{P_l} 都取为 1。

7.3.3　约束条件

（1）系统和 EST 的功率平衡约束

$$\sum_{i=1}^{N_{\text{bus}}} P_{\text{Gi}} - \sum_{i=1}^{N_{\text{bus}}} P_{\text{Li}} - P_{\text{Loss}} = 0 \tag{7-18}$$

$$\sum_{i=1}^{N_{\text{bus}}} Q_{\text{Gi}} - \sum_{i=1}^{N_{\text{bus}}} Q_{\text{Li}} - Q_{\text{Loss}} = 0 \tag{7-19}$$

$$P_{\text{ScR}} + P_{\text{EcR}} + P_{\text{vR}} = 0 \tag{7-20}$$

$$Q_{\text{ScR}} + Q_{\text{EcR}} + Q_{\text{vR}} = 0 \tag{7-21}$$

（2）控制变量约束

$$1 \leqslant l \leqslant N_{\text{line}} \tag{7-22}$$

$$0 \leqslant V_{\text{cR}}^{\text{ref}} \leqslant 0.1 \tag{7-23}$$

$$0° \leqslant \delta_{cR}^{ref} \leqslant 360° \tag{7-24}$$

（3）状态变量约束

$$Q_{Gi}^{min} \leqslant \mu[Q_{Gi}] \leqslant Q_{Gi}^{max} \tag{7-25}$$

$$0.95 \leqslant E(V_i) \leqslant 1.05 \tag{7-26}$$

$$E(S_l) \leqslant S_l^{max} \tag{7-27}$$

$$0.9 \leqslant V_{vR} \leqslant 1.1 \tag{7-28}$$

$$0° \leqslant \delta_{cR} \leqslant 360° \tag{7-29}$$

$$p(V_i \geqslant 1.05) \leqslant 0.05 \tag{7-30}$$

$$p(V_i \leqslant 0.95) \leqslant 0.05 \tag{7-31}$$

$$p(S_l \geqslant S_l^{max}) \leqslant 0.05 \tag{7-32}$$

式（7-28）中，由于 EST 送端不能维持电压不变，而为了保证系统电压稳定性，其送端电压在 0.9～1.1p.u. 之间。同时式（7-30）中 $p(V_i \geqslant 1.05)$ 表示节点电压大于 1.05p.u. 的概率，式（7-31）和式（7-32）的含义相同。

7.3.4　基于 NSGA-II 的解算方法

本章采用 NSGA-II 算法求解含有风电电力系统的 PPI 和线路有功损耗，并确定 EST 的控制策略和选址方案。基于 NSGA-II 的优化解算流程如图 7-1 所示。

其中，该优化算法涉及以上介绍的含 EST 的电力系统概率潮流计算。通过 NSGA-II 算法初始化产生控制变量，将其代入概率潮流计算方法中，从而计算出系统有功功率可预测性指标和有功损耗期望值以及系统节点电压、线路容量；然后判断在该种群下得到的潮流信息是否满足约束条件，并分离出不可行解和对种群进行排序；最后，应用 NSGA-II 算法产生子代，更新控制变量，循环计算 Genmax 代，则可得到最终的优化解。

7.4　算例分析

7.4.1　参数设置

为了研究 EST 的最佳调控策略，算例分析在 IEEE 7 机 57 节点系统展开。具体为：在该系统中涉及 4 个风力发电场，风力发电场分别接入系统的第 10、13、25 和 55 节点，其中风力发电机的出力与风速相同，均服从威布尔分布，风电出力参数见表 7-1；对于负荷，设置节点 9，16，18 和 38 服从正态分布，负荷参数见表 7-2。

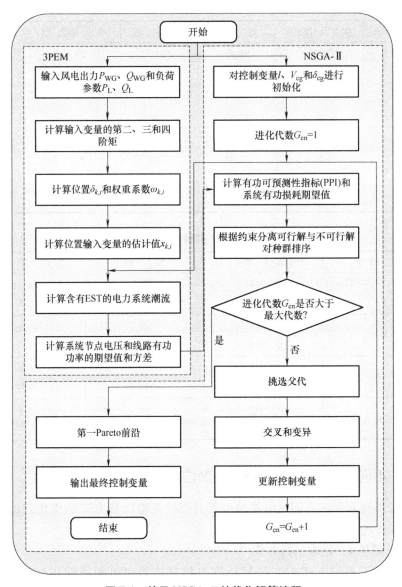

图 7-1　基于 NSGA-Ⅱ的优化解算流程

本章使用的多目标优化算法 NSGA-Ⅱ的参数为：

1）最大的进化代数设置为 1500。

2）种群数目为 14。

3）交叉概率 $p_c = 0.9$。

4）变异概率 $p_m = 1/3$，$\eta_c = 20$，$\eta_m = 20$。

表 7-1 风电出力参数[69]

节点编号	有功/无功出力	均 值	均 方 差	形状参数	尺度参数
10	P/MW	91.82	21.03	5	100
	Q/Mvar	22.95	5.26	5	25
13	P/MW	45.91	10.52	5	50
	Q/Mvar	22.95	5.26	5	25
25	P/MW	45.91	10.52	5	50
	Q/Mvar	22.95	5.26	5	25
55	P/MW	91.82	21.03	5	100
	Q/Mvar	22.95	5.26	5	25

表 7-2 负荷参数

节点编号	负 荷	均 值	均 方 差
9	P_L/MW	121	30.25
	Q_L/Mvar	26	6.5
16	P_L/MW	43	10.75
	Q_L/Mvar	3	0.75
18	P_L/MW	27.2	6.8
	Q_L/Mvar	9.8	2.45
38	P_L/MW	14	3.5
	Q_L/Mvar	7	1.75

7.4.2 不同风电渗透率下 EST 的调控策略

为了得到 EST 在不同风电渗透率下的调控策略以及 EST 的优化定址，对如下 4 个工作场景进行了分析。

（1）场景 1：正常运行方式

当系统不装设 EST 时，经过计算得到有功功率可预测性指标（PPI）为 0.013，有功损耗期望值为 18.61MW。

（2）场景 2：风电渗透率为 15%

当系统的风电渗透率为 15% 时，即风电的出力为表 7-1 中数据的一半，计算得到的最优解分布如图 7-2 所示，此时 EST 的调控方案与安装位置见表 7-3。

图 7-2 展示了利用优化算法产生的初始解和最终得到的 Pareto 优化解。其相应的调控方案见表 7-3。从图 7-2 可看出，EST 参与系统调控时，随着系统有功功率可预测性指标增加，系统的有功损耗期望值也相应地增加。从表 7-3 中可以

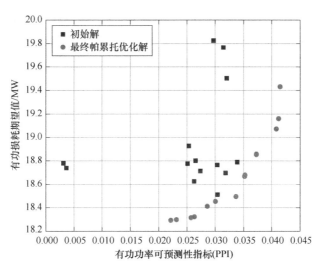

图 7-2　风电渗透率为 15% 的最优解分布

看出，当 EST 参与系统潮流调控时，其系统有功功率可预测性指标范围为
0.0221~0.0415，系统有功损耗期望值为 18.2937~19.4320MW。若电力系统调
度人员希望增加系统有功功率可预测性指标，则可以选择序号为 14 的控制方案；
若希望减少系统有功损耗期望值，则可以选择序号为 1 的控制方案。

表 7-3　风电渗透率为 15% 时 EST 的调控方案与安装位置

序号	线路位置	补偿电压 （p. u.）	相角（°）	有功功率可预测性 指标（PPI）	有功损耗期 望值/MW
1	27	0.033	70.10	0.0221	18.2937
2	27	0.032	67.46	0.0231	18.2987
3	26	0.010	10.65	0.0257	18.3157
4	26	0.011	2.83	0.0263	18.3239
5	27	0.014	1.49	0.0286	18.4131
6	27	0.016	0.06	0.0305	18.4543
7	67	0.092	230.09	0.0337	18.4951
8	69	0.100	233.86	0.0352	18.6683
9	70	0.099	236.48	0.0352	18.6806
10	32	0.095	109.75	0.0373	18.8529
11	32	0.098	111.33	0.0373	18.8582
12	34	0.069	54.57	0.0408	19.0711
13	33	0.074	58.07	0.0412	19.1586
14	33	0.099	89.51	0.0415	19.4320

（3）场景 3：风电渗透率为 30%（即表 7-1 所示的风电出力参数）

通过本章所提的优化方法，计算得到系统有功功率可预测性指标和系统有功损耗期望值如图 7-3 所示，其相应的调控方案与 EST 的位置如下表 7-4 所示。

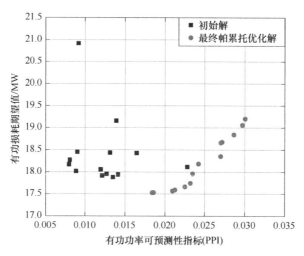

图 7-3　风电渗透率为 30%的最优解分布

表 7-4　风电渗透率为 30%时 EST 的调控方案与安装位置

序号	线路位置	补偿电压（p.u.）	相角（°）	有功功率可预测性指标（PPI）	有功损耗期望值/MW
1	25	0.027	247.43	0.0184	17.5273
2	25	0.027	249.87	0.0186	17.5317
3	25	0.018	255.91	0.0209	17.5651
4	25	0.018	263.23	0.0212	17.5912
5	27	0.021	309.07	0.0225	17.6625
6	27	0.025	314.00	0.0232	17.7428
7	27	0.028	317.49	0.0235	17.9594
8	65	0.091	76.68	0.0242	18.1822
9	65	0.095	65.70	0.0270	18.3522
10	58	0.095	100.18	0.0270	18.6607
11	58	0.097	100.28	0.0272	18.6766
12	58	0.098	90.82	0.0286	18.8427
13	58	0.100	80.90	0.0297	19.0598
14	58	0.100	70.67	0.0300	19.2023

从图 7-3 可看出从初始种群产生的初始解到最终形成的 Pareto 优化解的收敛过程。表 7-4 给出了 14 个优化调控方案和 EST 的地址，从表 7-4 可看出，当 EST 进行补偿时，在 IEEE 57 节点系统中，其线路 25、27、65 和 58 可作为 EST 的安装位置，系统的有功功率可预测性指标范围为 0.0184~0.0300，系统有功损耗期望值范围为 17.5273~19.2023MW。而不同的补偿度，其得出的系统有功功率可预测性指标和系统有功损耗期望值也不相同。但是可以看出，随着系统有功功率可预测性指标的增加，系统的有功损耗期望值也增加。例如，表 7-4 中第 1 个和第 4 个补偿方案，EST 的安装位置均在线路 25，其有功功率可预测性指标分别为 0.0184 和 0.0212，而系统有功损耗期望值分别为 17.5273MW 和 17.5912MW。其系统有功功率可预测性指标增加了 15.2%，系统有功损耗期望值增加了 0.36%。而对于不同的安装位置，也呈现相应的特征。因此，可根据实际的应用需求，来选取相应的调控方案。

（4）场景 4：风电渗透率为 45%

当系统风电渗透率为 45% 时，计算得到的最优解分布如图 7-4 所示，EST 的调控方案与安装位置见表 7-5。

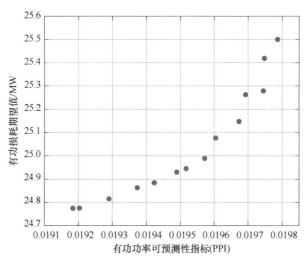

图 7-4　风电渗透率为 45% 的最优解分布

从表 7-5 可知，EST 调控后的有功功率可预测性指标在 0.01918~0.01979 之间，其最大值均小于渗透率 15% 的 0.0415 和渗透率为 30% 的 0.0300。同时，渗透率为 30% 时所能调节的最大有功功率可预测性指标也小于渗透率为 15% 的最大有功功率可预测性指标。表明随着系统风电渗透率的增加，其能够优化调控得到的最大系统有功功率可预测性指标会减小。

表 7-5　风电渗透率为 45% 时 EST 的调控方案与安装位置

序号	位　置	补偿电压（p. u.）	相角（°）	有功功率可预测性指标（PPI）	有功损耗期望值/MW
1	69	0.100	272.00	0.01918	24.7743
2	69	0.100	272.14	0.01920	24.7752
3	69	0.094	277.55	0.01929	24.8155
4	70	0.093	290.25	0.01937	24.8632
5	68	0.100	271.74	0.01942	24.8843
6	68	0.095	277.64	0.01949	24.9297
7	68	0.091	265.19	0.01952	24.9453
8	67	0.091	264.07	0.01957	24.9889
9	68	0.083	249.54	0.01960	25.0766
10	67	0.079	247.97	0.01967	25.1481
11	67	0.077	235.62	0.01969	25.2627
12	67	0.077	234.01	0.01975	25.2791
13	67	0.085	220.18	0.01977	25.4194
14	67	0.085	215.15	0.01979	25.4998

7.5　本章小结

　　本章提出了一种考虑风电和负荷不确定性场景下，通过 EST 调控系统潮流使得系统有功功率可预测性指标最好和有功损耗期望值最小的控制方案，并且能够同时考虑到 EST 的安装位置。通过以上的算例分析，可以发现：

　　1）通过 EST 的优化调控能够有效地改善系统的可预测性，但是在增加系统有功功率可预测性指标的同时，系统的有功损耗期望值会有一定的增加。

　　2）不同比例风电渗透率的场景下，风电的渗透率越低，其优化得出的最大系统有功功率可预测性指标越大。

第8章

8

基于电子式有载分接开关的扩展型SEN Transformer开关暂态建模及分析

8.1 EST 的工作原理

传统 ST 的基本拓扑如图 8-1a 所示。如图 8-1b 所示，本章提出的 EST 也有两个主要单元：励磁单元和串联电压调整单元，与传统 ST 类似。所提 EST 与传统 ST 的不同之处在于用 EOLTC 替换了传统拓扑中的机械式 OLTC，提高了动态响应速度。EST 一次侧星形联结，并联接入输电线路送端，构成励磁单元；二次侧每相由三个带 EOLTC 的绕组组成，构成串联电压调整单元。二次侧任一相的三个带分接头绕组，分别与自身相和另两相一次侧磁耦合。A 相二次绕组为 a_1、a_2、a_3，B 相二次绕组为 b_1、b_2、b_3，C 相二次绕组为 c_1、c_2、c_3，每组调压分接头数量或调节级数 N 一般为 4 级（不计额定分接头位置）。其中，绕组 a_1、b_1、c_1 组成 A 相串联补偿电压，即 $U_{ss'A} = U_{ss'a1} + U_{ss'b1} + U_{ss'c1}$，这样，A 相的送端电压可由 U_{sa} 调整为 $U_{s'a}$。由于 $U_{ss'a1}$、$U_{ss'b1}$、$U_{ss'c1}$ 之间相角互差 120°，通过改变 EST 二次侧分接头位置的控制，进而可改变这三个电压相量的组合方式，从而改变 $U_{ss'A}$。同理，亦可实现 B 相、C 相串联补偿电压 $U_{ss'B}$、$U_{ss'C}$，继而实现送端电压由 U_s 向 $U_{s'}$ 的四象限调整，即 $U_{s'} = U_s + U_{ss'}$。此外，为了保证 A、B、C 三相在调压过程中保持对称，应保证在任意时刻，a_1、b_2、c_3 投入运行的绕组匝数相等，b_1、c_2、a_3 投入运行的绕组匝数相等，以及 c_1、a_2、b_3 投入运行的绕组匝数相等。但 a_1-b_2-c_3 组、b_1-c_2-a_3 组、c_1-a_2-b_3 组投入运行的匝数可以互不相等。

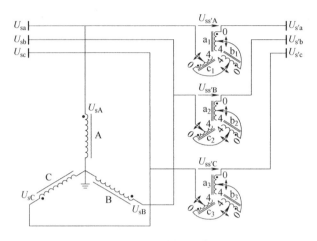

a) 传统ST的基本拓扑

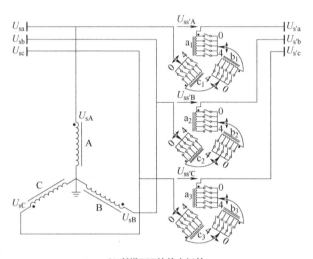

b) 所提EST的基本拓扑

图 8-1　传统 ST 与所提 EST 的基本拓扑

8.2　EOLTC 的开关暂态解析模型

8.2.1　EOLTC 的稳态电压和稳态电流解析表达

EOLTC 分接头绕组拓扑如图 8-2 所示，可以将共发射极（反串联）连接且与二极管反并联连接的绝缘栅双极型晶体管（Insulated-gate Bipolar Transistors，

IGBT）用作双向开关。这些半导体器件允许在短时间内（与电流过零同步）执行快速换相过程，从而使重叠电流最小。

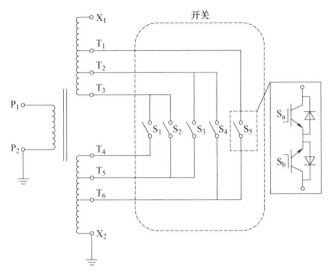

图 8-2 EOLTC 分接头绕组拓扑

由于主绕组和分接头绕组是磁耦合的，因此分接头的换级会改变 EST 的匝数比，从而改变每个分接开关上的电压。本章提出的开关暂态建模和分析可推广到有 K 个分接头绕组的 EST，考虑以下条件：1）主绕组的匝数比相同；2）分接头绕组的匝数比相同；3）绕组阻抗上的压降可以忽略。因此，当开关 S_q 接通时，开关 S_p 上的稳态峰值电压由下式给出：

$$V_{S_p} = \frac{\sqrt{2}\,V_{sec}\,|\,q-p\,|\,N_t}{(MN_s+KN_t)-(q-1)N_t} \tag{8-1}$$

$$V_{sec} = \frac{V_{ps}\big[(MN_s+KN_t)-(q-1)N_t\big]}{N_m} \tag{8-2}$$

式中，K 为分接头绕组数；M 为主绕组数；p 为被分析开关的指数；q 为接通开关的指数；V_{ps} 为一次额定电压的方均根值；V_{sec} 为二次额定电压的方均根值；N_s 和 N_t 分别为二次主绕组匝数比和分接头绕组匝数比，它们与一次绕组匝数比 N_m 进行了归一化。

对于二次侧具有 K 个分接头绕组的 EST，正常运行时流过开关 S_q 的稳态峰值电流 I_{S_q} 为

$$I_{S_q} = \sqrt{2}\,\frac{S}{V_{sec}} \tag{8-3}$$

$$I_{\text{pri}} = 3I_{S_q} \frac{N_{\text{m}}}{(MN_{\text{s}}+KN_{\text{t}})-(q-1)N_{\text{t}}} \tag{8-4}$$

式中，S 为额定视在功率；I_{pri} 为 EST 正常运行时流过一次绕组的稳态峰值电流；N_{m} 为一次绕组匝数比。

8.2.2 EOLTC 的换级过程解析表达

EOLTC 的换级过程需要在短时间内重叠两个分接开关，即两个开关同时导通。EOLTC 能够实现快速切换，从而避免了换级过程中的短路大电流。本章考虑了 EST 绕组的磁耦合影响，在变压器 T 型等效电路的基础上进行了分析，并假定换级过程仅发生在电流为零的时刻，且二次回路中的总漏感与各绕组的匝数成正比。

以分接开关从 S_1 到 S_2 的换级过程为例，EOLTC 的换级过程如图 8-3 所示。从图 8-3b 可以看出，在换级重叠时间内，开关的重叠可能会导致分接头绕组在重叠时间内短路，分接头绕组的作用类似于三次回路。流经开关 S_1 的电流是分接头绕组短路电流，该电流定义为三次侧电流 i_t。此外，二次侧电流 i_s 和三次侧电流 i_t 均流过开关 S_2，因此流过开关 S_2 的合成电流是这两个分量的总和。

单相四绕组 EST 在换级重叠时间内的 T 型等效电路如图 8-4 所示。其中，下标 "x" 在表示一次侧时为 "pri"，表示二次侧时为 "sec"，表示三次侧时为 "ter"。此外，ST 与普通变压器不同的是其一次、二次绕组除了磁联系外还有电联系，其二次绕组 a_1，a_2，a_3 要作为补偿绕组分别接入 A，B，C 三相线路中。因此，在图 8-4 的 T 型等效电路中，二次回路还分别串联了一个移相电流源，该电流源的作用是对流经二次子绕组的三相电流进行相角补偿，使其相角互差 120°，但不改变电流的幅值。图 8-4 中其余变量定义如下：

1）v_{in}：一次侧额定峰值电压。

2）R_{eq} 和 L_{eq}：一次绕组的电阻和电感。

3）R_{sec} 和 L_{sec}：不考虑分接头绕组短路阻抗的情况下，二次绕组的总电阻和电感。

4）R_{tap} 和 L_{tap}：三次绕组（短路绕组）的电阻和电感。

5）L_{m}：励磁电感。

6）R_{load} 和 L_{load}：负载的电阻和电感。

为了表示从一次侧和三次侧归算至二次侧的阻抗，定义了两个转换系数：α_1 表示从一次侧归算至二次侧的转换系数；α_2 表示从三次侧归算至二次侧的转换系数，分别为

$$\alpha_{1i} = \left[(MN_{\text{s}}+(K-1)N_{\text{t}})/N_{\text{m}} \right]^2 \tag{8-5}$$

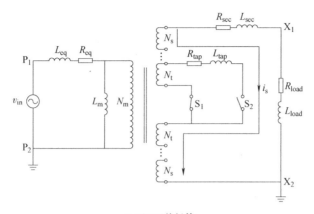

a) EOLTC换级前

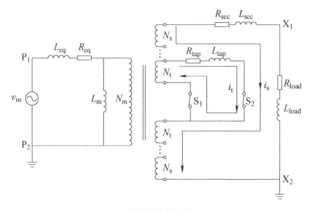

b) EOLTC换级中

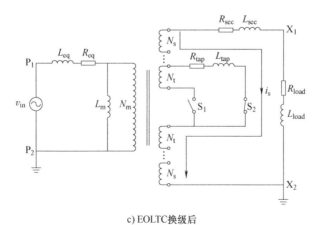

c) EOLTC换级后

图 8-3　EOLTC 的换级过程

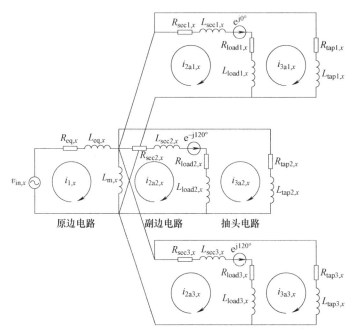

图 8-4 单相四绕组 EST 在换级重叠时间内的 T 型等效电路

$$\alpha_{2i} = \left[\left(MN_s + (K-1)N_t \right) / N_t \right]^2 \tag{8-6}$$

式中，i 表示二次子绕组的序号（$i=1,2,3$）。

EST 一次侧的电压和阻抗由下式给出：

$$\left[v_{\mathrm{in,pri}} \quad R_{\mathrm{eq,pri}} \quad L_{\mathrm{eq,pri}} \right] = \left[\sqrt{2}\,V_{\mathrm{ps}}\sin(2\pi ft) \quad R_{\mathrm{eq}} \quad L_{\mathrm{eq}} \right] \tag{8-7}$$

式中，f 为频率；t 为时间。

EST 二次侧的电压和阻抗由以下公式给出：

$$\left[v_{\mathrm{in,sec}i} \quad R_{\mathrm{eq,sec}i} \quad L_{\mathrm{eq,sec}i} \right] = \alpha_{1i}\left[v_{\mathrm{in,pri}}(\sqrt{\alpha_{1i}}/\alpha_{1i}) \quad R_{\mathrm{eq}} \quad L_{\mathrm{eq}} \right] \tag{8-8}$$

$$\begin{bmatrix} R_{\mathrm{sec}i,\mathrm{sec}} & R_{\mathrm{load}i,\mathrm{sec}} & 0 \\ L_{\mathrm{sec}i,\mathrm{sec}} & L_{\mathrm{load}i,\mathrm{sec}} & L_{\mathrm{m,sec}} \end{bmatrix} = \begin{bmatrix} R_{\mathrm{sec}i} & R_{\mathrm{load}i} & 0 \\ L_{\mathrm{sec}i} & L_{\mathrm{load}i} & L_{\mathrm{m}} \end{bmatrix} \tag{8-9}$$

$$\left[R_{\mathrm{tap}i,\mathrm{sec}} \quad L_{\mathrm{tap}i,\mathrm{sec}} \right] = \alpha_{2i}\left[R_{\mathrm{tap}i} \quad L_{\mathrm{tap}i} \right] \tag{8-10}$$

同理，为了表示从一次侧和二次侧归算至三次侧的阻抗，还定义了另外两个转换系数：α_3 表示从一次侧归算至三次侧的转换系数；α_4 表示从二次侧归算至三次侧的转换系数，分别为

$$\alpha_{3i} = (N_t/N_m)^2 \tag{8-11}$$

$$\alpha_{4i} = \left[N_t / (MN_s + (K-1)N_t) \right]^2 \tag{8-12}$$

因此，EST 三次侧的电压和阻抗由以下公式给出：

$$\left[v_{\mathrm{in,ter}} \quad R_{\mathrm{eq,ter}} \quad L_{\mathrm{eq,ter}} \right] = \alpha_{3i}\left[v_{\mathrm{in,pri}}(\sqrt{\alpha_{3i}}/\alpha_{3i}) \quad R_{\mathrm{eq}} \quad L_{\mathrm{eq}} \right] \tag{8-13}$$

$$\begin{bmatrix} R_{\text{sec}i,\text{ter}} & R_{\text{load}i,\text{ter}} & 0 \\ L_{\text{sec}i,\text{ter}} & L_{\text{load}i,\text{ter}} & L_{\text{m,ter}} \end{bmatrix} = \alpha_{4i} \begin{bmatrix} R_{\text{sec}i} & R_{\text{load}i} & 0 \\ L_{\text{sec}i} & L_{\text{load}i} & L_{\text{m}} \end{bmatrix} \tag{8-14}$$

$$\begin{bmatrix} R_{\text{tap}i,\text{ter}} & L_{\text{tap}i,\text{ter}} \end{bmatrix} = \begin{bmatrix} R_{\text{tap}} & L_{\text{tap}} \end{bmatrix} \tag{8-15}$$

将基尔霍夫电压定律应用于图 8-4 所示的 T 型等效电路中，并进行拉普拉斯变换，可以得到流经二次回路和三次回路的电流，关系如下

$$\begin{bmatrix} I_{1,x}(s) \\ I_{2a1,x}(s) \\ I_{2a2,x}(s) \\ I_{2a3,x}(s) \\ I_{3a1,x}(s) \\ I_{3a2,x}(s) \\ I_{3a3,x}(s) \end{bmatrix} = \begin{bmatrix} k_{11} & k_{12} & k_{13} & k_{14} & k_{15} & k_{16} & k_{17} \\ k_{21} & k_{22} & k_{23} & k_{24} & k_{25} & k_{26} & k_{27} \\ k_{31} & k_{32} & k_{33} & k_{34} & k_{35} & k_{36} & k_{37} \\ k_{41} & k_{42} & k_{43} & k_{44} & k_{45} & k_{46} & k_{47} \\ k_{51} & k_{52} & k_{53} & k_{54} & k_{55} & k_{56} & k_{57} \\ k_{61} & k_{62} & k_{63} & k_{64} & k_{65} & k_{66} & k_{67} \\ k_{71} & k_{72} & k_{73} & k_{74} & k_{75} & k_{76} & k_{77} \end{bmatrix}^{-1} \begin{bmatrix} V_{\text{in},x}(s) \\ 0 \\ 0 \\ 0 \\ 0 \\ 0 \\ 0 \end{bmatrix} \tag{8-16}$$

式中，系数 $k_{11} \sim k_{77}$ 见附录 A 中的 A-2。下标"x"可以用"sec"代替求解二次回路，也可以用"ter"代替求解三次回路。

式（8-8）~ 式（8-10）可以代入式（8-16）来求解二次回路，等效为式（8-17）。类似地，式（8-13）~ 式（8-15）可以代入式（8-16）得到式（8-18），以求解三次回路。其中，$I_s(s)$ 和 $I_t(s)$ 分别表示频域中的电流 i_s 和 i_t。

$$I_s(s) = I_{2a,\text{sec}}(s) \tag{8-17}$$

$$I_t(s) = I_{3a,\text{ter}}(s) \tag{8-18}$$

电流 $I_{\text{sc}}(s)$ 表示在频域中流过开关 S_2 的支路电流 i_{sc}，可通过将 $I_s(s)$ 和 $I_t(s)$ 叠加得到，即

$$I_{\text{sc}}(s) = I_s(s) + I_t(s) \tag{8-19}$$

通过求解式（8-19），可以得到 EOLTC 换级过程中的短路电流。

8.3　算例分析

8.3.1　算例 1：小容量 EOLTC 换级过程分析

将本章所提模型应用于图 8-2 所示的 EOLTC，小容量 EST 和 EOLTC 的参数见表 8-1。从图 8-2 可以看出，EOLTC 位于 EST 的二次侧，且具有两个主绕组（$M = 2$）和四个分接头绕组（$K = 4$），小容量 EST 建模的单个变压器匝数比见表 8-2。EST 二次额定电压的方均根值为 7966V，通过选择合适的分接头可以使二次绕组电压达到 7620V、7273V、6927V 和 6580V，并使一次绕组电压 V_{ps} 维持在 220V。

表 8-1　小容量 EST 和 EOLTC 的参数

参　　数	数　　值
EST 一次额定电压的方均根值	220V
EST 二次额定电压的方均根值	7966V
EST 功率变化范围	3~100kVA
EOLTC 容量	5kVA
EST 绝缘等级	15~36.2kV
频率	50Hz

表 8-2　小容量 EST 建模的单个变压器匝数比

端　　口	绕　　组	匝　数　比
P1-P2	一次绕组	$N_{\mathrm{m}} = 1$
X1-X2	二次总绕组	$N_{\mathrm{total}} = 36.210$
X1-T1，T6-X2	二次主绕组	$N_{\mathrm{s}} = 14.957$
T1-T2，T2-T3，T4-T5，T5-T6	二次分接头绕组	$N_{\mathrm{t}} = 1.575$

（1）正常工况下的稳态电压和电流

EOLTC 和保护系统的设计取决于正常工况和故障条件下的电压与电流水平。在正常工况下，EOLTC 均不应损坏，保护系统也不应误动作。由表 8-1 中提供的 EST 和 EOLTC 的参数，通过求解式（8-1）可以评估图 8-2 中各个 EOLTC 两端的电压水平，EOLTC 的稳态峰值电压如图 8-5 所示。

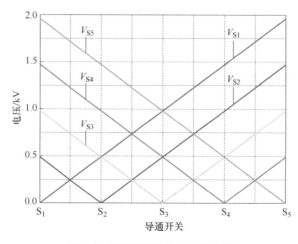

图 8-5　EOLTC 的稳态峰值电压

从图 8-5 可以看出，在正常工况下，当开关 S_1 或 S_5 接通时，开关 S_5 或 S_1 上将承受稳态峰值电压的最大值，即 1.96kV。

在设计 EOLTC 和保护系统时，应考虑正常工况下流过 EOLTC 的电流，通过求解式（8-3）可得流过 EOLTC 的稳态峰值电流，计算结果见表 8-3。

从表 8-3 可知，当开关 S_5 闭合时，流过 EOLTC 的稳态峰值电流达到最大，即 $I_{S5} = 1.0745A$。根据正常工况下的稳态峰值电压和电流结果，选择型号为 IXYS IXGH10N300（10A/3kV）的 IGBT 模块。因为它满足本算例的电压和电流要求，并且非重复峰值电流显著高于稳态峰值电流，这代表了 EOLTC 换级操作过程的安全裕度。

表 8-3　EOLTC 正常导通时的稳态峰值电流

分接开关 S_q 导通	稳态峰值电流/A
S_1	0.8875
S_2	0.9279
S_3	0.9721
S_4	1.0207
S_5	1.0745

（2）换级过程的重叠电流和最大重叠时间

为了分析换级过程中负载功率因数（Power Factor，PF）对重叠时间的影响，需对式（8-19）给出的换级重叠电流 i_{sc} 进行数值求解。假设 EST 工作在额定负载条件下，功率因数从纯感性负载（PF=0）到纯阻性负载（PF=1）进行变化，小容量 EST 建模的单个变压器参数见表 8-4。通过求解式（8-19），不同 PF 条件下的重叠时间内流经开关 S_2 的电流波形如图 8-6 所示。

表 8-4　小容量 EST 建模的单个变压器参数

电　　阻	数值/Ω	电　　抗	数值/mH	转换系数	数　　值
R_{eq}	0.10645	L_{eq}	0.15265	α_1	1200
R_{sec}	133.52	L_{sec}	191.46	α_2	483.69
R_{tap}	2.5	L_{tap}	3.6	α_3	2.48
—	—	L_m	662.96	α_4	0.002067

从图 8-6 可以看出，当 EST 工作在额定负载条件下，感性负载越大，换级过程中流过分接开关的电流上升速度越快。因此，必须通过对纯感性负载（PF=0）的评估来确定 EOLTC 的换级重叠时间。

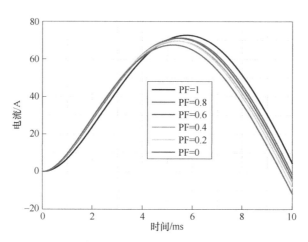

图 8-6　不同 PF 条件下的重叠时间内流经开关 S_2 的电流波形

考虑所选择 IGBT 模块的工作电流为 10A，从图 8-6 可以看出，在纯感性负载条件下可接受的最大重叠时间为 1.02ms。该重叠时间完全适用于商用 IGBT 模块，因为它们的开通和关断开关的时间可以满足这个要求。在这种情况下，换级重叠时间可以设置在 20~200μs 之间。该数值考虑了光通道、栅极驱动器电路以及 IGBT 模块开通和关断的延迟时间，从而确保了 EOLTC 的安全运行。此外，本章计算得到的 EST 在换级重叠时间内流过 EOLTC 的电流变化趋势与参考文献 [52] 基本相同，从而验证了本章所提模型的有效性。

此外，从图 8-6 和表 8-3 中可以看出，正常运行时流经分接开关的重叠电流远大于稳态电流。因此，为了避免分接头换级时产生较大的短路电流，保证 EOLTC 的安全，分接头换级过程中的重叠时间不宜设置得过高，本算例的重叠时间典型值可设置在 20~200μs 之间。考虑在额定纯感性负载（PF = 0）且重叠时间为 200μs 的条件下，借助 PSCAD/EMTDC X4.5 仿真软件，开关从 S_1 到 S_2 的换级过程中流经开关 S_1（i_{S1}）和 S_2（i_{S2}）的电流波形图如图 8-7 所示。图 8-7 中还展示了 EST 二次侧电流（i_s）在过零时刻的换级过程。

从图 8-7 可以看出，在 S_1 到 S_2 的换级重叠时间内，EST 的二次侧电流会出现短暂的暂态电流。重叠时间越短，暂态过程中的电流值越小。因此，重叠时间和重叠电流的大小对 EOLTC 的暂态电流有直接影响。

此外，为了验证 EOLTC 的电压调节能力，将 EOLTC 从 S_5 到 S_1 依次进行闭合，EOLTC 的电压调节结果如图 8-8 所示。图 8-8 展示了在 EOLTC 电压调节过程中 EST 二次侧电压（正半周期）的瞬时值和有效值，可以证明 EOLTC 具有快速的 μs 级电压调节能力。

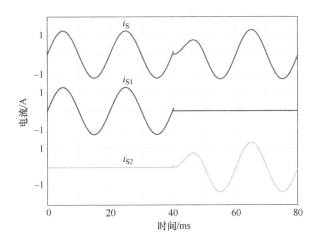

图 8-7　开关从 S_1 到 S_2 的换级过程中流经开关 $S_1(i_{S1})$ 和
$S_2(i_{S2})$ 的电流波形图

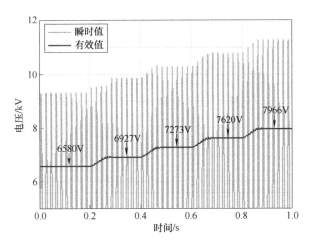

图 8-8　EOLTC 的电压调节结果

8.3.2　算例 2：大容量 EST 换级过程分析和串联电压调节有效性

（1）EOLTC 的稳态和换级过程计算

利用本章所提模型，针对一台三相组式大容量 EST 进行 EOLTC 的换级过程计算，大容量 EST 和 EOLTC 的参数见表 8-5，大容量 EST 建模的单个变压器匝数比见表 8-6，大容量 EST 建模的单个变压器参数见表 8-7。

当大容量 EST 正常运行时，EOLTC 两端的稳态峰值电压如图 8-9 所示，EOLTC 正常导通时的稳态峰值电流见表 8-8。

表 8-5　大容量 EST 和 EOLTC 的参数

参　数	数　值
EST 一次额定电压的方均根值	220kV
EST 二次额定电压的方均根值	220kV
EOLTC 容量	6MVA
EST 额定负载	120MVA
二次主绕组个数（M）	2
二次分接头绕组个数（K）	4
频率	50Hz

表 8-6　大容量 EST 建模的单个变压器匝数比

端　口	绕　组	匝　数　比
P1-P2	一次绕组	$N_m = 1$
X1-X2	二次总绕组	$N_{total} = 1.2$
X1-T1，T6-X2	主二次绕组	$N_s = 0.5$
T1-T2，T2-T3，T4-T5，T5-T6	二次分接头绕组	$N_t = 0.05$

表 8-7　大容量 EST 建模的单个变压器参数

电　阻	数　值	电　抗	数　值	转换系数	数　值
R_{eq}	0.893Ω	L_{eq}	47.4mH	α_1	1
R_{sec}	0.298Ω	L_{sec}	15.8mH	α_2	25
R_{tap}	7.13Ω	L_{tap}	10.2mH	α_3	0.04
—	—	L_m	12.8H	α_4	0.04

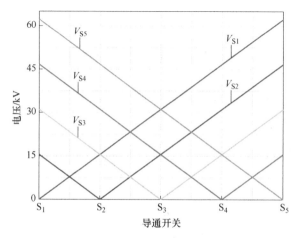

图 8-9　EOLTC 两端的稳态峰值电压

由图 8-9 和表 8-8 可知，在正常工况下，开关 S_5 或 S_1 两端的稳态峰值电压最大值为 62.23kV，流过分接开关的稳态峰值电流最大值 I_{S5} 为 38.570A。因此，根据正常工况下的稳态峰值电压和电流结果，选择型号为 FF300R17KE3-Infineon（300A/1.7kV）的 IGBT 模块。值得注意是，需要将此类 IGBT 模块多个串联起来才能达到所需的电压等级。

表 8-8　EOLTC 正常导通时的稳态峰值电流

分接开关 S_q 导通	稳态峰值电流/A
S_1	32.141
S_2	33.539
S_3	35.063
S_4	36.733
S_5	38.570

考虑 EST 工作在额定纯感性负载（PF=0）条件下，EOLTC 在开关 S_5 切换至 S_1 的换级重叠时间内流过开关 S_5 的短路电流如图 8-10 所示。

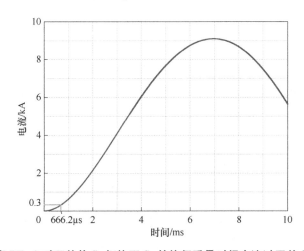

图 8-10　考虑 PF=0 时开关从 S_5 切换至 S_1 的换级重叠时间内流过开关 S_5 的短路电流

从图 8-10 可以看出，考虑所选择 IGBT 模块的工作电流为 300A，则在额定纯感性负载条件下可接受的最大重叠时间为 666.2μs。

（2）EST 串联电压补偿时域仿真

为了探究 EST 电压调节的动态响应能力，对 EST 开展串联电压补偿时域仿真试验。将大容量 EST 接入电压等级为 220kV 交流输电系统，三相组式 EST 电气连接示意图如图 8-11 所示。

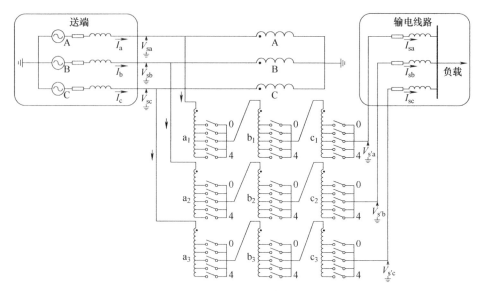

图 8-11 三相组式 EST 电气连接示意图

当 EST 工作在串联电压补偿工况时，需注入期望补偿电压的幅值 $U_{ss'}$ 和相角 β。以串联电压补偿的 A 相电压结果 $U_{ss'A}$ 为例，当时间 $t < 0.5\text{s}$ 时，$U_{ss'A} = 0$，$\beta = 0°$；当 $0.5\text{s} < t < 3\text{s}$ 时，$U_{ss'A} = 0.1\text{p. u.}$，$\beta = 120°$；当 $3\text{s} < t < 7.5\text{s}$ 时，$U_{ss'A} = 0.2\text{p. u.}$，$\beta = 60°$，EST 与 ST 注入串联电压的幅值和相角变化对比图如图 8-12 所示。同时，假设机械式 OLTC 的动作时间为 0.5s/档，将传统机械式 ST 的串联电压补偿响应结果也一并在图 8-12 中展示，以便与本章所提 EST 的响应情况进行对比。

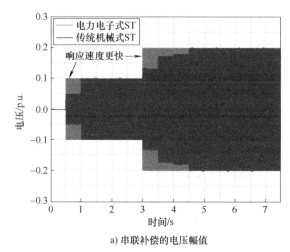

a) 串联补偿的电压幅值

图 8-12 EST 与 ST 注入串联电压的幅值和相角变化对比图

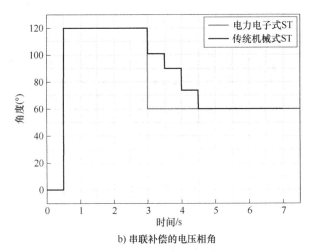

b) 串联补偿的电压相角

图 8-12　EST 与 ST 注入串联电压的幅值和相角变化对比图（续）

从图 8-12 可以看出，EOLTC 具有极快的切换速度，与传统机械式 ST 相比，EST 大大提高了动态响应速度，提供了快速的 μs 级响应能力。

8.4　本章小结

本章提出了一种基于电子式有载分接开关的扩展型 SEN Transformer 潮流控制装置的开关暂态模型，包括 EOLTC 的稳态电压和电流，换级过程中 EOLTC 的暂态电流和电压的评估值，以及 EOLTC 的选型和最大重叠时间的确定。借助 MATLAB 和 PSCAD/EMTDC 软件，对 EOLTC 的换级过程进行了开关暂态计算和仿真试验。同时得到以下结论：

1）负载功率因数会影响 EOLTC 换级过程重叠时间的确定，感性负载越大，流过 EOLTC 的重叠电流上升速度越快。因此，必须通过对纯感性负载的评估来确定 EOLTC 的换级重叠时间。

2）EOLTC 的换级过程中需要在短时间内重叠两个分接开关，即两个开关同时导通。因此，在重叠时间内 EOLTC 可能会受到暂态过电压和过电流的严重影响，需要设计相应的保护系统以保证 EOLTC 的安全运行。否则，EOLTC 上可能会产生过电压、过电流和电压尖峰，导致其损坏。

3）将大功率 EOLTC 应用于 ST，提高了传统 ST 的动态响应速度，可提供快速的 μs 级响应能力，能适用于对动态调节能力、响应速度要求高的应用场合。

第9章

不同潮流控制模式下 EST的短路电流分析

9.1 基于相分量法的 EST 解耦模型

9.1.1 EST 的端口数学模型

为了推导 EST 的相分量模型，需要确定 EST 送端和受端节点的电压与电流关系。图 9-1 所示为 EST 的耦合电路，一次绕组 A、B 和 C 的自感为 L_a、L_b 和 L_c，二次绕组 a_x、b_x 和 c_x 的电阻分别为 R_{ax}、R_{bx} 和 R_{cx}，自感为 L_{ax}、L_{bx} 和 L_{cx}，其中 $x = 1,2,3$。同时，EST 的各一次绕组与各二次绕组的互感为 M_{ij}，其中 i，$j =$ A，B，C，a_1，a_2，a_3，b_1，b_2，b_3，c_1，c_2，c_3 且 $i \neq j$。V_{pA}、V_{pB} 和 V_{pC} 分别为 EST 励磁侧 A 相、B 相和 C 相绕组电压。$V_{s'sA}$、$V_{s'sB}$ 和 $V_{s'sC}$ 分别为 A 相、B 相和 C 相的串联补偿电压。i_{pA}、i_{pB} 和 i_{pC} 分别为流经 A 相、B 相和 C 相励磁侧绕组的励磁电流。$i_{s'A}$、$i_{s'B}$ 和 $i_{s'C}$ 分别为由 EST 送端流向受端线路电流。

根据图 9-1 所示的 EST 解耦电路，EST 的支路电压和支路电流分别为

$$u_{\text{branch}} = \begin{bmatrix} V_{pA} & V_{pB} & V_{pC} & V_{s'sA} & V_{s'sB} & V_{s'sC} \end{bmatrix}^{\text{T}} \tag{9-1}$$

$$i_{\text{branch}} = \begin{bmatrix} i_{pA} & i_{pB} & i_{pC} & i_{s'A} & i_{s'B} & i_{s'C} \end{bmatrix}^{\text{T}} \tag{9-2}$$

其中，

$$\begin{cases} V_{s'sA} = V_{a1} + V_{b1} + V_{c1} \\ V_{s'sB} = V_{a2} + V_{b2} + V_{c2} \\ V_{s'sC} = V_{a3} + V_{b3} + V_{c3} \end{cases} \tag{9-3}$$

且支路电压和支路电流的关系为

$$u_{\text{branch}} = \mathbf{Z}_{\text{branch}} i_{\text{branch}} \tag{9-4}$$

式中，$\mathbf{Z}_{\text{branch}}$ 为支路阻抗阵，其具体为

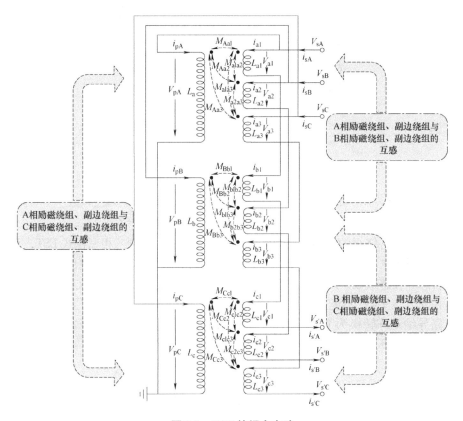

图 9-1　EST 的耦合电路

$$\mathbf{Z}_{\text{branch}} = \begin{bmatrix} Z_{\text{sA\_A}} & Z_{\text{sA\_B}} & Z_{\text{sA\_C}} & Z_{\text{sA\_a}} & Z_{\text{sA\_b}} & Z_{\text{sA\_c}} \\ Z_{\text{sB\_A}} & Z_{\text{sB\_B}} & Z_{\text{sB\_C}} & Z_{\text{sB\_a}} & Z_{\text{sB\_b}} & Z_{\text{sB\_c}} \\ Z_{\text{sC\_A}} & Z_{\text{sC\_B}} & Z_{\text{sC\_C}} & Z_{\text{sC\_a}} & Z_{\text{sC\_b}} & Z_{\text{sC\_c}} \\ Z_{\text{s'a\_A}} & Z_{\text{s'a\_B}} & Z_{\text{s'a\_C}} & Z_{\text{s'a\_a}} & Z_{\text{s'a\_b}} & Z_{\text{s'a\_c}} \\ Z_{\text{sb\_A}} & Z_{\text{sb\_B}} & Z_{\text{sb\_C}} & Z_{\text{sb\_a}} & Z_{\text{sb\_b}} & Z_{\text{sb\_c}} \\ Z_{\text{s'c\_A}} & Z_{\text{s'c\_B}} & Z_{\text{s'c\_C}} & Z_{\text{s'c\_a}} & Z_{\text{s'c\_b}} & Z_{\text{s'c\_c}} \end{bmatrix} \tag{9-5}$$

由于式（9-5）中的元素存在类似的含义，把式（9-5）的元素分为 4 类，将式（9-5）简化为

$$\mathbf{Z}_{\text{branch}} = \begin{bmatrix} \mathbf{Z}_{\text{sM\_N}} & \mathbf{Z}_{\text{sM\_n}} \\ \mathbf{Z}_{\text{s'm\_N}} & \mathbf{Z}_{\text{s'm\_n}} \end{bmatrix} \tag{9-6}$$

式中，$\mathbf{Z}_{\text{sM\_N}}$ 为 M 相一次绕组对 N 相一次绕组互感；$\mathbf{Z}_{\text{sM\_n}}$ 为 M 相一次绕组对 N 相所有二次子绕组的互感之和；$\mathbf{Z}_{\text{s'm\_N}}$ 为 M 相所有二次子绕组对 N 相一次绕组互感之和；$\mathbf{Z}_{\text{s'm\_n}}$ 为 M 相所有二次子绕组对 N 相所有二次子绕组的互感之和。其中 M＝A，B，C，N＝A，B，C，m＝a，b，c，n＝a，b，c。以 $\mathbf{Z}_{\text{sA\_A,B,C}}$、$\mathbf{Z}_{\text{sA\_a,b,c}}$、$\mathbf{Z}_{\text{s'a\_A,B,C}}$ 和

$Z_{s'a\_a,b,c}$ 为例，其具体值如式（9-7）所示，而其余的互阻抗见附录 B 中的 B-2。

$$\begin{cases} Z_{sA\_A} = Z_{AA} \\ Z_{sA\_B} = Z_{AB} \\ Z_{sA\_C} = Z_{AC} \end{cases} \quad \begin{cases} Z_{sA\_a} = Z_{Aa1} + Z_{Ab1} + Z_{Ac1} \\ Z_{sA\_b} = Z_{Aa2} + Z_{Ab2} + Z_{Ac2} \\ Z_{sA\_c} = Z_{Aa3} + Z_{Ab3} + Z_{Ac3} \end{cases} \quad (9\text{-}7a)$$

$$\begin{cases} Z_{s'a\_A} = Z_{a1A} + Z_{b1A} + Z_{c1A} \\ Z_{s'a\_B} = Z_{a1B} + Z_{b1B} + Z_{c1B} \\ Z_{s'a\_C} = Z_{a1C} + Z_{b1C} + Z_{c1C} \end{cases} \quad (9\text{-}7b)$$

$$\begin{cases} Z_{s'a\_a} = Z_{a1a1} + Z_{a1b1} + Z_{a1c1} + Z_{b1a1} + Z_{b1b1} + Z_{b1c1} + Z_{c1a1} + Z_{c1b1} + Z_{c1c1} \\ Z_{s'a\_b} = Z_{a1a2} + Z_{a1b2} + Z_{a1c2} + Z_{b1a2} + Z_{b1b2} + Z_{b1c2} + Z_{c1a2} + Z_{c1b2} + Z_{c1c2} \\ Z_{s'a\_c} = Z_{a1a3} + Z_{a1b3} + Z_{a1c3} + Z_{b1a3} + Z_{b1b3} + Z_{b1c3} + Z_{c1a3} + Z_{c1b3} + Z_{c1c3} \end{cases} \quad (9\text{-}7c)$$

对于以上各绕组的自感和绕组间的互感，本章针对一种三相三柱式 EST，利用 UMEC 原理建立 EST 的磁路模型，根据 EST 的设计尺寸和原二次绕组匝数就可计算出自感和互感系数，从而计算自感和互感，其详细的建模过程见文献［72］。

由于式（9-4）不能充分反映 EST 装置与外部网络的联系，需要把式（9-4）的支路导纳矩阵转换为节点导纳矩阵。因此，支路电流和支路电压需转化为节点电流和节点电压。其节点电流和节点电压定义如下

$$\boldsymbol{u}_{\text{node}} = \begin{bmatrix} V_{sA} & V_{sB} & V_{sC} & V_{s'A} & V_{s'B} & V_{s'C} \end{bmatrix}^{\text{T}} \quad (9\text{-}8)$$

$$\boldsymbol{i}_{\text{node}} = \begin{bmatrix} i_{sA} & i_{sB} & i_{sC} & i_{s'A} & i_{s'B} & i_{s'C} \end{bmatrix}^{\text{T}} \quad (9\text{-}9)$$

根据图 9-1 所示的电路，其支路电压和节点电压的转化关系为

$$\begin{bmatrix} V_{pA} \\ V_{pB} \\ V_{pC} \\ V_{s'sA} \\ V_{s'sB} \\ V_{s'sC} \end{bmatrix} = \underbrace{\begin{bmatrix} 1 & 0 & 0 & 0 & 0 & 0 \\ 0 & 1 & 0 & 0 & 0 & 0 \\ 0 & 0 & 1 & 0 & 0 & 0 \\ 1 & 0 & 0 & -1 & 0 & 0 \\ 0 & 1 & 0 & 0 & -1 & 0 \\ 0 & 0 & 1 & 0 & 0 & -1 \end{bmatrix}}_{\boldsymbol{N}_1} \begin{bmatrix} V_{sA} \\ V_{sB} \\ V_{sC} \\ V_{s'A} \\ V_{s'B} \\ V_{s'C} \end{bmatrix} \quad (9\text{-}10)$$

支路电流和节点电流的转换关系如下

$$\begin{bmatrix} i_{sA} \\ i_{sB} \\ i_{sC} \\ i_{s'A} \\ i_{s'B} \\ i_{s'C} \end{bmatrix} = \underbrace{\begin{bmatrix} 1 & 0 & 0 & 1 & 0 & 0 \\ 0 & 1 & 0 & 0 & 1 & 0 \\ 0 & 0 & 1 & 0 & 0 & 1 \\ 0 & 0 & 0 & 1 & 0 & 0 \\ 0 & 0 & 0 & 0 & 1 & 0 \\ 0 & 0 & 0 & 0 & 0 & 1 \end{bmatrix}}_{\boldsymbol{N}_2} \begin{bmatrix} i_{pA} \\ i_{pB} \\ i_{pC} \\ i_{s'A} \\ i_{s'B} \\ i_{s'C} \end{bmatrix} \quad (9\text{-}11)$$

通过结合式（9-8）~式（9-11）可推导出节点电流和节点电压的关系如下

$$i_{\text{node}} = N_2 Z_{\text{branch}}^{-1} N_1 u_{\text{node}} \tag{9-12}$$

则 EST 的导纳矩阵为

$$G_{\text{node}} = N_2 Z_{\text{baanch}}^{-1} N_1 \tag{9-13}$$

因此，EST 的全解耦等效电路如图 9-2 所示，图 9-2 中各支路的阻抗见附录 B 中的 B-2。

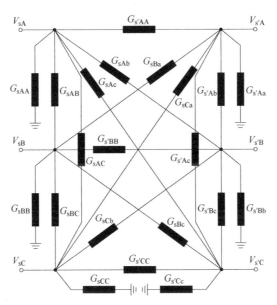

图 9-2　EST 的全解耦等效电路

9.1.2　中性点经阻抗接地时的模型拓展

上述 EST 数学模型是在忽略中性点接地阻抗情况下建立的，为了降低流经 EST 的短路电流，则有必要考虑 EST 并联侧的接地阻抗。因此，有必要通过拓展接地节点建立更为详尽的数学模型。

设接地节点为 G，接地阻抗为 Z_1，采用与基本数学模型类似的建模方式，得到反映各支路电压与支路电流关系的矩阵表达式：

$$\begin{bmatrix} V_{\text{branch}} \\ \hline V_{sG} \end{bmatrix} = \underbrace{\begin{bmatrix} Z_{\text{branch}} & 0 \\ \hline 0 & Z_{sG} \end{bmatrix}}_{Z'_{\text{branch}}} \begin{bmatrix} i_{\text{branch}} \\ \hline i_{sG} \end{bmatrix} \tag{9-14}$$

式中，Z_{branch} 表示具有耦合互感特性的 EST 阻抗矩阵；V_{sG} 和 i_{sG} 为拓展节点的支路电压和支路电流。进一步地，由式（9-14）的支路电压与支路电流可转变为由支路导纳矩阵表示，即

$$\left[\begin{array}{c} \boldsymbol{i}_{\text{branch}} \\ \hline \boldsymbol{i}_{\text{sG}} \end{array}\right] = \underbrace{\left[\begin{array}{c|c} \boldsymbol{Z}_{\text{branch}}^{-1} & \boldsymbol{0} \\ \hline \boldsymbol{0} & \boldsymbol{Z}_{\text{sG}}^{-1} \end{array}\right]}_{\boldsymbol{G}_{\text{branch}}'} \left[\begin{array}{c} \boldsymbol{V}_{\text{branch}} \\ \hline \boldsymbol{V}_{\text{sG}} \end{array}\right] \tag{9-15}$$

其支路电压与节点电压关系由式（9-10）变为

$$\left[\begin{array}{c} V_{\text{pA}} \\ V_{s'\text{sA}} \\ V_{\text{pB}} \\ V_{s'\text{sB}} \\ V_{\text{pC}} \\ V_{s'\text{sC}} \\ \hline V_{\text{sG}} \end{array}\right] = \underbrace{\left[\begin{array}{cccccc|c} 1 & 0 & 0 & 0 & 0 & 0 & -1 \\ 1 & -1 & 0 & 0 & 0 & 0 & 0 \\ 0 & 0 & 1 & 0 & 0 & 0 & -1 \\ 0 & 0 & 1 & -1 & 0 & 0 & 0 \\ 0 & 0 & 0 & 0 & 1 & 0 & -1 \\ 0 & 0 & 0 & 0 & 1 & -1 & 0 \\ \hline 0 & 0 & 0 & 0 & 0 & 0 & 1 \end{array}\right]}_{N_1'} \left[\begin{array}{c} V_{\text{sA}} \\ V_{s'\text{sA}} \\ V_{\text{sB}} \\ V_{s'\text{sB}} \\ V_{\text{sC}} \\ V_{s'\text{sC}} \\ \hline V_{\text{G}} \end{array}\right] \tag{9-16}$$

节点电流与支路电流关系变为

$$\left[\begin{array}{c} i_{\text{pa}} \\ i_{s'\text{A}} \\ i_{\text{pb}} \\ i_{s'\text{B}} \\ i_{\text{pc}} \\ i_{s'\text{C}} \\ \hline i_{\text{G}} \end{array}\right] = \underbrace{\left[\begin{array}{cccccc|c} 1 & 1 & 0 & 0 & 0 & 0 & 0 \\ 0 & 1 & 0 & 0 & 0 & 0 & 0 \\ 0 & 0 & 1 & 1 & 0 & 0 & 0 \\ 0 & 0 & 0 & 1 & 0 & 0 & 0 \\ 0 & 0 & 0 & 0 & 1 & 1 & 0 \\ 0 & 0 & 0 & 0 & 0 & 1 & 0 \\ \hline 1 & 0 & 1 & 0 & 1 & 0 & -1 \end{array}\right]}_{N_2'} \left[\begin{array}{c} i_{\text{sA}} \\ i_{s'\text{A}} \\ i_{\text{sB}} \\ i_{s'\text{B}} \\ i_{\text{sC}} \\ i_{s'\text{C}} \\ \hline i_{\text{sG}} \end{array}\right] \tag{9-17}$$

则考虑 EST 中性点接地阻抗时，节点导纳矩阵为

$$\boldsymbol{G}_{\text{node}}' = N_2' \boldsymbol{G}_{\text{branch}}' N_1' \tag{9-18}$$

9.2 EST 的短路故障计算

当支路发生故障时，通常在故障节点处增加一个节点，使其转化为节点故障，在本章中只考虑相分量坐标下的节点故障。

设电力系统网络使用相分量坐标的节点网络方程为

$$\left[\begin{array}{ccc} Y_{11} & \cdots & Y_{1n} \\ \vdots & & \vdots \\ Y_{n1} & \cdots & Y_{nn} \end{array}\right] \left[\begin{array}{c} U_1 \\ \vdots \\ U_n \end{array}\right] = \left[\begin{array}{c} I_1 \\ \vdots \\ I_n \end{array}\right] \tag{9-19}$$

式中，Y_{ij} 为节点 i 与节点 j 之间的互导纳；I_i 为注入节点 i 的电流；U_i 为节点 i 的电压。由于相分量法是对于装置的每一相都要开展计算，则式（9-19）中每个元素的具体值为

$$Y_{ij} = \begin{bmatrix} Y_{AA}^{ij} & Y_{AB}^{ij} & Y_{AC}^{ij} \\ Y_{BA}^{ij} & Y_{BB}^{ij} & Y_{BC}^{ij} \\ Y_{CA}^{ij} & Y_{CB}^{ij} & Y_{CC}^{ij} \end{bmatrix}, \quad U_i = \begin{bmatrix} U_A^i \\ U_B^i \\ U_C^i \end{bmatrix}, \quad I_i = \begin{bmatrix} I_A^i \\ I_B^i \\ I_C^i \end{bmatrix}$$

9.2.1　单相接地故障

当 EST 受端节点 i 处的 A 相发生接地故障时，其故障节点处 A 相电压 $U_{s'A}^i = 0$，在节点 i 处增加一个数值与短路电流相等的电流源 I_f，则 $I_f = \begin{bmatrix} I_d & 0 & 0 \end{bmatrix}^T$。此时系统的节点网络方程就变为

$$\begin{bmatrix} Y_{11} & Y_{12} & \cdots & Y_{1i} & \cdots & Y_{1n} \\ Y_{21} & Y_{22} & \cdots & Y_{2i} & \cdots & Y_{2n} \\ \vdots & \vdots & & \vdots & & \vdots \\ Y_{i1} & Y_{i2} & \cdots & Y_{ii} & \cdots & Y_{in} \\ \vdots & \vdots & & \vdots & & \vdots \\ Y_{n1} & Y_{n2} & \cdots & Y_{ni} & \cdots & Y_{nn} \end{bmatrix} \begin{bmatrix} U_1 \\ U_2 \\ \vdots \\ U_i \\ \vdots \\ U_n \end{bmatrix} = \begin{bmatrix} I_1 \\ I_2 \\ \vdots \\ I_i \\ \vdots \\ I_n \end{bmatrix} + \begin{bmatrix} 0 \\ 0 \\ \vdots \\ I_f \\ \vdots \\ 0 \end{bmatrix} \tag{9-20}$$

将 I_f 移动到等式的左边，则式（9-20）变换为

$$\begin{bmatrix} Y_{11} & Y_{12} & \cdots & Y_{1i}' & \cdots & Y_{1n} \\ Y_{21} & Y_{22} & \cdots & Y_{2i}' & \cdots & Y_{2n} \\ \vdots & \vdots & & \vdots & & \vdots \\ Y_{i1} & Y_{i2} & \cdots & Y_{ii}' & \cdots & Y_{in} \\ \vdots & \vdots & & \vdots & & \vdots \\ Y_{n1} & Y_{n2} & \cdots & Y_{ni}' & \cdots & Y_{nn} \end{bmatrix} \begin{bmatrix} U_1 \\ U_2 \\ \vdots \\ U_i' \\ \vdots \\ U_n \end{bmatrix} = \begin{bmatrix} I_1 \\ I_2 \\ \vdots \\ I_i \\ \vdots \\ I_n \end{bmatrix} \tag{9-21}$$

其中，$U_i' = \begin{bmatrix} I_d & U_{s'B}^i & U_{s'C}^i \end{bmatrix}^T$。导纳 Y_{ij} 和 Y_{ii} 修正为

$$Y_{ij}' = \begin{bmatrix} 0 & Y_{AB}^{ij} & Y_{AC}^{ij} \\ 0 & Y_{BB}^{ij} & Y_{BC}^{ij} \\ 0 & Y_{CB}^{ij} & Y_{CC}^{ij} \end{bmatrix} \quad Y_{ii}' = \begin{bmatrix} -1 & Y_{s'a\_b} & Y_{s'a\_c} \\ 0 & Y_{s'b\_b} & Y_{s'b\_c} \\ 0 & Y_{s'c\_b} & Y_{s'c\_c} \end{bmatrix} \tag{9-22}$$

为了把这种故障计算方法推广到其他类型的短路故障，定义 $Y_{ij}' = Y_{ij} T_1$，$Y_{ii}' = Y_{ii} T_1 + T_2$，可计算得：

$$T_1 = \begin{bmatrix} 0 & 0 & 0 \\ 0 & 1 & 0 \\ 0 & 0 & 1 \end{bmatrix}, \quad T_2 = \begin{bmatrix} -1 & 0 & 0 \\ 0 & 0 & 0 \\ 0 & 0 & 0 \end{bmatrix} \tag{9-23}$$

节点 i 故障后的电压和电流分别为

$$U_i = T_1 U_i'$$ (9-24)

$$I_f = -T_2 U_i'$$ (9-25)

因此，通过推导变换矩阵 T_1、T_2 就可以实现发生故障时的导纳矩阵修正。

9.2.2 其他故障

当 EST 出口处发生两相故障时，以 AB 相为例，故障节点 i 处 A、B 相电压和故障电流满足：

$$\begin{cases} U_{s'A}^i = U_{s'B}^i \\ I_{fA} = -I_{fB} \end{cases}$$ (9-26)

定义向量：

$$U_i' = \begin{bmatrix} U_{s'A} & I_{fA} & U_{s'C} \end{bmatrix}^T$$ (9-27)

按照 9.2.1 节的推导方法，当 $j \neq i$，$j = 1, 2, \cdots, n$ 时，

$$Y_{ji} = \begin{bmatrix} Y_{AA}^{ji} + Y_{AB}^{ji} & 0 & Y_{AC}^{ji} \\ Y_{BA}^{ji} + Y_{BB}^{ji} & 0 & Y_{BC}^{ji} \\ Y_{CA}^{ji} + Y_{CB}^{ji} & 0 & Y_{CC}^{ji} \end{bmatrix}$$ (9-28)

当 $j = i$ 时，

$$Y_{ii} = \begin{bmatrix} Y_{s'a\_a}^{ii} + Y_{s'a\_b}^{ii} & -1 & Y_{s'a\_c}^{ii} \\ Y_{s'b\_a}^{ii} + Y_{s'b\_b}^{ii} & 1 & Y_{s'b\_c}^{ii} \\ Y_{s'c\_a}^{ii} + Y_{s'c\_b}^{ii} & 0 & Y_{s'c\_c}^{ii} \end{bmatrix}$$ (9-29)

此时，可计算得到：

$$T_1 = \begin{bmatrix} 1 & 0 & 0 \\ 1 & 0 & 0 \\ 0 & 0 & 1 \end{bmatrix}, \quad T_2 = \begin{bmatrix} 0 & -1 & 0 \\ 0 & 1 & 0 \\ 0 & 0 & 0 \end{bmatrix}$$

同理，可推导当 ST 出口发生两相接地、三相短路和同时发生单相接地和两相短路故障时的转换矩阵 T_1 和 T_2（见表 9-1），进而修正导纳矩阵计算发生各种短路故障时的短路电流。

表 9-1　短路故障状态下的转换矩阵[74]

故　　障	U'	T_1	T_2
A 相短路接地	$\begin{bmatrix} I_{fA} \\ U_{s'B} \\ U_{s'C} \end{bmatrix}$	$\begin{bmatrix} 0 & 0 & 0 \\ 0 & 1 & 0 \\ 0 & 0 & 1 \end{bmatrix}$	$\begin{bmatrix} -1 & 0 & 0 \\ 0 & 0 & 0 \\ 0 & 0 & 0 \end{bmatrix}$

（续）

故　　障	U'	T_1	T_2
A-B 相间短路	$\begin{bmatrix} U_{s'A} \\ I_{fA} \\ U_{s'C} \end{bmatrix}$	$\begin{bmatrix} 1 & 0 & 0 \\ 1 & 0 & 0 \\ 0 & 0 & 1 \end{bmatrix}$	$\begin{bmatrix} 0 & -1 & 0 \\ 0 & 1 & 0 \\ 0 & 0 & 0 \end{bmatrix}$
A-B 相短路接地	$\begin{bmatrix} I_{fA} \\ I_{fB} \\ U_{s'C} \end{bmatrix}$	$\begin{bmatrix} 0 & 0 & 0 \\ 0 & 0 & 0 \\ 0 & 0 & 1 \end{bmatrix}$	$\begin{bmatrix} -1 & 0 & 0 \\ 0 & -1 & 0 \\ 0 & 0 & 0 \end{bmatrix}$
A-B-C 相间短路	$\begin{bmatrix} U_{s'A} \\ I_{fA} \\ I_{fB} \end{bmatrix}$	$\begin{bmatrix} 1 & 0 & 0 \\ 1 & 0 & 0 \\ 1 & 0 & 0 \end{bmatrix}$	$\begin{bmatrix} 0 & -1 & 0 \\ 0 & 0 & -1 \\ 0 & 1 & 1 \end{bmatrix}$
A 相接地和 BC 相短路	$\begin{bmatrix} I_{fA} \\ U_{s'B} \\ I_{fB} \end{bmatrix}$	$\begin{bmatrix} 0 & 0 & 0 \\ 0 & 1 & 0 \\ 0 & 1 & 0 \end{bmatrix}$	$\begin{bmatrix} -1 & 0 & 0 \\ 0 & 0 & -1 \\ 0 & 0 & 1 \end{bmatrix}$

9.3　算例分析

9.3.1　参数设置

利用本章所提模型，针对一台三相三柱式 EST 开展了稳态和故障状态的解析计算。一个含 EST 的等效电力系统如图 9-3 所示。为简化计算，本章忽略铁心的饱和性和磁滞特性。仿真参数设置见表 9-2。

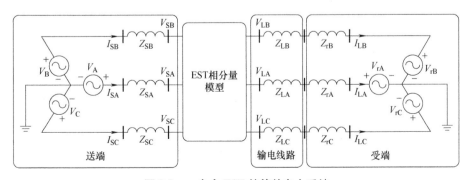

图 9-3　一个含 EST 的等效电力系统

表 9-2　仿真参数设置

参　　数	数　　值
基准值	160MVA，138kV
频率	60Hz
送端电压源电压	$1\angle 0°$
受端电压源电压	$1\angle -20°$
送端电压源阻抗	1.0053Ω，19.17mH
受端电压源阻抗	0Ω，0mH
输电线路阻抗	3.0159Ω，59.19mH
变压器额定容量	10MVA
各相绕组的阻抗	1.7854Ω，47.4mH
接地电阻	4Ω

9.3.2　短路故障有效性的验证

为了验证所提 EST 模型发生短路故障时的有效性。首先，根据补偿电压设置 EST 二次侧各绕组匝数，得到 EST 各绕组间的互感系数，进而计算出第 9.2 节所推导的 EST 全解耦模型中各支路的导纳，在本算例中取补偿电压 $0.2\angle 120°$ p.u.；然后，根据短路故障类型，确定故障节点 i 处的电压向量 $\boldsymbol{U}_{i'}$ 和转换矩阵 $\boldsymbol{T}_1$、$\boldsymbol{T}_2$，修正导纳矩阵 $\boldsymbol{Y}_{ji}$ 和 $\boldsymbol{Y}_{ii}$；最后，将修正后的节点电压向量 $\boldsymbol{U}_{i'}$ 和导纳矩阵 $\boldsymbol{Y}_{ji'}$ 与 $\boldsymbol{Y}_{ii'}$ 代入网络节点电压方程（9-21），计算出发生各种故障时解析计算结果与利用 PSCAD/EMTDC 时域仿真结果（见表 9-3）。

表 9-3　EST 出口处发生各种故障时仿真与解析计算电压与电流

故　　障	仿　真　结　果		解　析　计　算　结　果	
	$\begin{bmatrix} U_{s'A} \\ U_{s'B} \\ U_{s'C} \end{bmatrix}$ /kV	$\begin{bmatrix} I_{fA} \\ I_{fB} \\ I_{fC} \end{bmatrix}$ /kA	$\begin{bmatrix} U_{s'A} \\ U_{s'B} \\ U_{s'C} \end{bmatrix}$ /kV	$\begin{bmatrix} I_{fA} \\ I_{fB} \\ I_{fC} \end{bmatrix}$ /kA
A 相短路接地	$\begin{bmatrix} 0 \\ 77.78 \\ 77.85 \end{bmatrix}$	$\begin{bmatrix} 12.65 \\ 0 \\ 0 \end{bmatrix}$	$\begin{bmatrix} 0 \\ 78.53 \\ 78.17 \end{bmatrix}$	$\begin{bmatrix} 12.58 \\ 0 \\ 0 \end{bmatrix}$
A-B 相间短路	$\begin{bmatrix} 36.3 \\ 36.3 \\ 72.48 \end{bmatrix}$	$\begin{bmatrix} 12.69 \\ 12.69 \\ 0 \end{bmatrix}$	$\begin{bmatrix} 36.28 \\ 36.28 \\ 72.43 \end{bmatrix}$	$\begin{bmatrix} 12.73 \\ 12.73 \\ 0 \end{bmatrix}$

（续）

故　障	仿 真 结 果		解析计算结果	
	$\begin{bmatrix} U_{s'A} \\ U_{s'B} \\ U_{s'C} \end{bmatrix}$ /kV	$\begin{bmatrix} I_{fA} \\ I_{fB} \\ I_{fC} \end{bmatrix}$ /kA	$\begin{bmatrix} U_{s'A} \\ U_{s'B} \\ U_{s'C} \end{bmatrix}$ /kV	$\begin{bmatrix} I_{fA} \\ I_{fB} \\ I_{fC} \end{bmatrix}$ /kA
A-B 相间短路接地	$\begin{bmatrix} 0 \\ 0 \\ 81.32 \end{bmatrix}$	$\begin{bmatrix} 13.85 \\ 13.85 \\ 0 \end{bmatrix}$	$\begin{bmatrix} 0 \\ 0 \\ 81.78 \end{bmatrix}$	$\begin{bmatrix} 13.36 \\ 13.42 \\ 0 \end{bmatrix}$
A-B-C 相间短路	$\begin{bmatrix} 0 \\ 0 \\ 0 \end{bmatrix}$	$\begin{bmatrix} 14.64 \\ 14.64 \\ 14.64 \end{bmatrix}$	$\begin{bmatrix} 0.03 \\ 0.03 \\ 0.03 \end{bmatrix}$	$\begin{bmatrix} 14.65 \\ 14.57 \\ 14.73 \end{bmatrix}$
A 相接地和 B-C 相间短路	$\begin{bmatrix} 0 \\ 44.46 \\ 44.46 \end{bmatrix}$	$\begin{bmatrix} 19.3 \\ 18.32 \\ 18.32 \end{bmatrix}$	$\begin{bmatrix} 0 \\ 44.37 \\ 44.37 \end{bmatrix}$	$\begin{bmatrix} 19.55 \\ 18.57 \\ 18.57 \end{bmatrix}$

　　从表 9-3 可以看出，利用本章所提的 EST 故障模型计算出的短路电流和故障节点处的电压与利用 PSCAD/EMTDC 仿真结果基本一致，最大的误差出现在 A-B 相间短路接地时 C 相端口电压为 0.46kV。同时，当 EST 发生三相短路时，可以看出 ST 出口处的电压不等于 0。究其原因，本章建模时考虑了 EST 所有绕组间的互感，而仿真采用 9 个单相双绕组变压器模型组合构成，忽略了绕组间的磁耦合影响，进而未考虑到由绕组磁耦合带来的系统运行不平衡影响。

9.3.3　不同潮流控制模式下的 EST 短路电流分析

　　对于功率调节模式，其补偿电压相角的范围为 0°~360°，电压幅值范围为 0~V_{cR}^{max}。因此，为了能够全面地分析各种运行模式下的短路电流，EST 的补偿电压分别设置为 0.1p.u. 和 0.2p.u.，其补偿相角在 0°~360° 之间变化。从 0° 开始，每隔 30° 开展一次试验。EST 不同补偿相角时的短路电流分别如图 9-4 所示。

　　从图 9-4 可以看出 5 个现象：1) 当 EST 工作于相角调节模式时，超前和滞后补偿的短路电流大小几乎相等；2) 当 EST 工作于电压调节模式时，同相补偿时的短路电流大于反相补偿的短路电流；3) 当 EST 的受端出口处发生单相短路故障时，EST 进行补偿后的短路电流均小于 EST 未补偿时的短路电流；4) EST 补偿电压幅值越大，短路电流越小；5) 不同的补偿相角引起的短路电流大小不同。

　　究其原因，其主要受到 EST 的阻抗和注入的补偿电压幅值两个因素影响。针对第一个现象，当 EST 工作于相角调节模式时，其超前补偿与滞后补偿时，

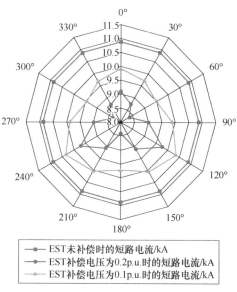

图 9-4　EST 不同补偿相角时的短路电流

合成的电压幅值相等，且 EST 补偿绕组匝数也相同，即 EST 的阻抗大小相同。因此，这两种场景下计算出的短路电流大小相同。针对第二个现象，同相补偿时，其注入的电压幅值相同，但是反相时补偿绕组匝数大于同相补偿，因此，同相补偿时的阻抗更小，导致短路电流更大。针对第三个现象，原因之一是由于 EST 进行补偿，会给 A 相输电线路增加阻抗；其二是由于 A 相发生短路，A 相励磁绕组电压会严重低于正常电压，导致由 A 相励磁绕组耦合产生的补偿电压减小，而对于 B 相或 C 相产生的补偿电压，其与系统送端电压相角相差 120°，导致其合成电压更小，所以可以看到 EST 补偿时能够抑制短路电流。针对第四个现象，EST 的补偿电压幅值越大，其与 A 相送端电压的合成电压后的幅值越小，且线路阻抗增加，所以短路电流也就越小。针对第五个现象，以补偿 0°、30°和 60°为例说明，当补偿相角为 30°时，对于串联在 A 相输电线路的补偿绕组，其 EST 二次侧的 A 相和 C 相绕组同时补偿，其 C 相绕组匝数为 A 相的一半，同时 C 相的补偿电压超前于 A 相源电压相角 120°，导致其合成的电压幅值低于 A 相源电压，所以从图 9-4 中可以看出补偿 30°时的短路电流低于补偿 0°时的短路电流。而当补偿 60°时，由于 A 相输电线路的短路电流较大，EST 左端输电线路上的压降也比较大，导致 EST 的 A 相励磁绕组耦合到二次侧的电压也同样较小。因此，此时的合成电压几乎与补偿 30°时相同，但是需要注意的是，此时 A 相和 C 相绕组的匝数相同且大于补偿 30°时的绕组匝数，即此时的阻抗更大，则补偿 60°时的短路电流更小。

当 EST 受端发生三相短路故障，EST 不同补偿相角时的三相短路电流如图 9-5 所示。从图 9-5 可看出以下两个现象：1）当运行域在 0°～180°之间时，短路电流逐渐增大，而运行域在 180°～360°之间时，其短路电流逐渐减小；2）当 EST 工作于相角调节模式时，其超前补偿与滞后补偿的短路电流大小相等。为了有效分析引起以上两个现象的主要原因，考虑到发生三相短路故障后由励磁侧耦合到串联侧产生的补偿电压较小，难以从 EST 的补偿角度分析原因。因此，将图 9-3 中所示的案例系统等效为图 9-6 中所示。由于励磁侧绕组的阻抗较大，因此忽略励磁侧绕组的漏抗。

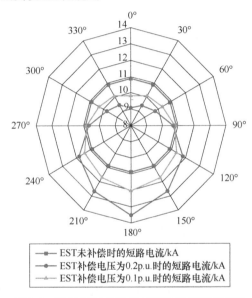

图 9-5　EST 不同补偿相角时的三相短路电流

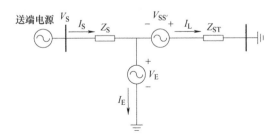

图 9-6　EST 发生三相短路故障等效图

根据图 9-6 可推导出短路电流为

$$I_L = \frac{V_S}{\dfrac{Z_{EST}}{k} + k} \tag{9-30}$$

107

式中，$k = 1 + \xi e_{j\theta}$，ξ 为补偿电压的幅值，θ 为相角；$Z_{EST} = nZ_{EST}/$单位匝数。

从式（9-30）可以看出，其短路电流的大小主要受到补偿电压的幅值、相角和因相角变化带来的阻抗的影响。为了定量分析这三个因素对短路电流的影响，计算出了补偿电压幅值分别设为 0.1p.u. 和 0.2p.u. 时，不同补偿相角时的短路电流变化趋势（见图 9-7）。

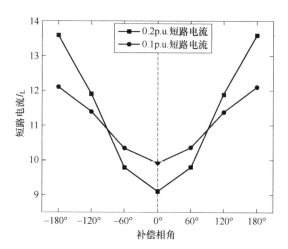

图 9-7　不同补偿相角时的短路电流变化趋势

从图 9-7 可以看出，EST 受端发生三相短路故障的时候，其电流变化趋势与图 9-5 计算出的短路电流变化趋势一致，因此影响 EST 短路电流的主导因素为补偿电压的幅值、相角和因相角变化带来的阻抗。

综上所述，EST 的受端发生单相或三相短路故障时，其不能简单地从 EST 对外的输出特性分析短路电流，而应综合 EST 本体装置的参数和 EST 的潮流控制模式。究其原因，EST 的励磁侧不能维持电压稳定，当系统短路时，会严重降低 EST 送端电压，其 EST 装置的阻抗也会产生较大的影响。

9.4　本章小结

本章推导了一种基于相分量法的 EST 短路故障模型，借助 MATLAB 编写短路电流计算程序和 PSCAD/EMTDC 软件开展时域仿真，验证了所提模型的有效性，并有以下结论：

1）从 EST 短路模型适用性的角度出发，利用相分量法建模能准确计及 EST 各绕组间的互感，且能考虑不平衡系统参数给系统潮流计算所带来的影响。

2）从 EST 的运行角度出发，当 EST 工作于相角调节模式时，其超前补偿与滞后补偿工作场景下，发生三相或单相短路时的短路电流大小相同。当 EST 工作于电压调节模式时，发生单相故障时同相补偿时的短路电流大于反相补偿时的短路电流。但是对于功率调节模式时，其短路电流的大小应综合考虑 EST 本体参数和补偿电压幅值、相角。

3）从抑制短路电流的角度出发，当系统发生单相故障时，保持补偿电压相角不变，增加补偿电压幅值以减小短路电流；当系统发生三相故障时，应进行同相补偿，且增大补偿电压幅值。

第10章

基于电子式有载分接开关的扩展型SEN Transformer的保护系统研究

10.1 EST 保护系统设计准则

保护系统对于 EOLTC 的正常运行非常重要，该系统应确保流过 EOLTC 的电流和电压不超过其安全运行水平。参考文献［71］提出了一种在变压器起动过程中防止一次绕组开路的旁路开关，该旁路开关还能在变压器二次侧发生短路等故障情况下导通电流。在参考文献［57］中提出了一种自换相撬棒电路，以传导由负载浪涌和短路引起的过电流。

鉴于此，图 10-1 所示的完整保护系统旨在实现以下目标：

1）确保 EST 通电时 EOLTC 的安全运行。

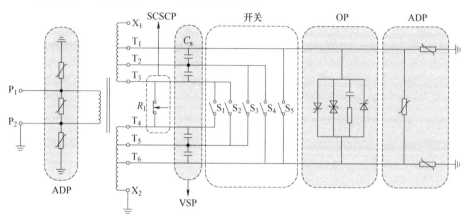

图 10-1　EOLTC 的拓扑和保护电路

2）在二次侧发生短路时保护 EOLTC 免受过电流影响。

3）保护 EOLTC 在有载换级期间免受由于电源浪涌或二次侧意外开路而产生的过电压（电压尖峰）的影响。

4）保护 EOLTC 免受 EST 一次侧和二次侧大气放电的影响。

图 10-2 所示为 EST 保护系统设计流程图。

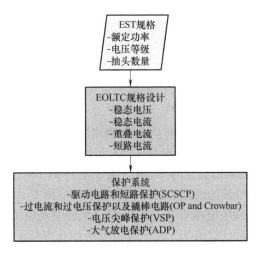

图 10-2　EST 保护系统设计流程图

10.1.1　IGBT 的驱动电路

IGBT 的驱动电路是电力电子装置的重要组成部分，它作为接口连接着电力电子主电路和控制电路，对装置的性能会产生较大影响。性能良好的驱动电路可以缩短开关时间，使电力电子器件能够在较理想的开关状态下工作。这对减少开关损耗，以及提高装置的运行效率、可靠性、安全性都有着重要意义。但是 IGBT 的驱动电路在开关电源装置中常工作于高压、大电流的情况下，导致 IGBT 容易损坏。因此，需要更加重视 IGBT 的保护环节和驱动电路的设计。

IGBT 的特性对其驱动条件有着很大的影响。改变栅极电路的正偏压 U_{ge}、负偏压-U_{ge} 和栅极电阻 R_g 的大小，IGBT 的通态电压、开关时间、开关损耗、承受短路能力及 du/dt 电流等参数也会有不同程度的变化。当栅极正电压 U_{ge} 变化时，IGBT 开通特性、负载短路能力和 du_{cg}/dt 电流有较大的改变，而栅极负偏压发生改变时，关断特性的变化较大。

IGBT 的驱动电路应具有以下特点：

1）能为 IGBT 提供一定幅值的正反向栅极驱动电压 U_{ge}。但正向栅极电压不能过大，太大会导致栅极电压振荡，进而损坏栅极；并且正向栅极电压越高，门射极电压越低，通态损耗变小，但 IGBT 能够耐受短路电流的时间会变短，所以正向栅极电压 U_{ge} 取值要适当。负向栅级电压同样也是重要的栅极驱动条件，为了避免擎住效应，应在 IGBT 栅极施加负偏压。

2）要适当地对栅极电阻 R_g 进行选取。R_g 的阻值越小，IGBT 的开关速度越快，开通损耗越小，米勒效应的时间越短；但如果过小，会导致开关时间过短，造成主电路电流尖峰过高。

3）驱动电路有对输入、输出的电气信号进行隔离的能力。由于 IGBT 常应用于高压场合，隔离功能有利于保护调试人员。但隔离功能不能影响信号的正常传输，要保证输入、输出信号的无延时传输。

4）驱动电路还需具备完善的过电流和过电压保护功能。当 IGBT 发生短路或过电压时，能够提供可靠的保护。

基于此，本章对栅极驱动电压 U_{ge} 和栅极电阻 R_g 的考虑如下：

从理论上来说，当栅极驱动电压 U_{ge} 大于阈值电压 $U_{ge(th)}$ 时，IGBT 即可导通，阈值电压 $U_{ge(th)}$ 的取值通常为 5~6V。为了使 IGBT 的通态损耗最小，同时又具有良好的承受短路电流的能力，通常取栅极驱动电压 $U_{ge} \geq D \times U_{ge(th)}$（系数 D = 1.5，2，2.5，3）。即当阈值电压 $U_{ge(th)}$ 为 6V 时，栅极驱动电压 U_{ge} 的值分别为 9V，12V，15V，18V，其最佳取值为 12V。通过栅极加负偏压关断 IGBT 时，为了提高抗干扰能力和对 dv/dt 的承受能力，栅极负偏压一般取 −10V。

栅极串联电阻 R_g 的选择对于 IGBT 驱动同样很重要。当 R_g 增大时，可降低栅极脉冲前后沿的陡度以及防止振荡，减小开关的 di/dt，抑制 IGBT 集电极的尖峰电压。当 R_g 增大时，会延长 IGBT 的开关时间，增大开关损耗，使 IGBT 的发热增加。当 R_g 减小时，会缩短开关时间，减小开关损耗；但 R_g 太小时，可能会导致 IGBT 栅极与发射极之间振荡，增加集电极的 di/dt，引起 IGBT 集电极尖峰电压，导致 IGBT 损坏。因此，选取 R_g 值时应参考 IGBT 的电压额定值和电流容量以及开关频率，如为 10Ω，15Ω，27Ω 等，并建议栅极与发射极之间并联一个 10kΩ 左右的电阻 R_{ge}，以避免栅极被损坏。

10.1.2 驱动电路和短路保护

机电开关 R_1 确保了 EOLTC 即使在驱动电路出现故障时也能正常运行，是 EST 的后备开关。它是一个空载常闭触点开关，与开关 S_1 并联放置，如图 10-1 所示。该机电开关也用于在 EST 的起动过程中传导浪涌电流，以及在 EST 二次侧发生永久性短路期间防止 EOLTC 因过电流而损坏。因此，当 EST 二次侧发生短路时，机电开关 R_1 必须能够承受流过 EST 的二次侧短路电流，且额定电压应高于式（10-1）计算得出的电子式开关 S_1 的额定电压。

EST 二次侧发生短路时，二次绕组的短路电流有效值为

$$I_{\text{sec,sc}} = \left| \frac{V_{\text{sec,sc}}}{\alpha_5 (Z_{\text{eq}} \| X_{\text{m}}) + Z_{\text{sec}}} \right| \tag{10-1}$$

$$V_{\text{sec,sc}} = \sqrt{\alpha_5}\, V_{\text{ps}} \tag{10-2}$$

式中，$I_{\text{sec,sc}}$ 为二次侧发生短路时的短路电流有效值；$Z_{\text{eq}} = R_{\text{eq}} + \text{j}\omega L_{\text{eq}}$ 为一次绕组的阻抗（ω 为角频率）；$X_{\text{m}} = \text{j}\omega L_{\text{m}}$ 为励磁阻抗；$Z_{\text{sec}} = [R_{\text{sec}} + (K+1-q) R_{\text{tap}}] + \text{j}\omega [L_{\text{sec}} + (K+1-q) L_{\text{tap}}]$ 为开关 S_q 闭合时二次绕组的总阻抗；α_5 为开关 S_q 闭合时一次侧阻抗归算至二次侧的转换系数，由下式给出：

$$\alpha_5 = \left[\frac{MN_{\text{s}} + (K+1-q) N_{\text{t}}}{N_{\text{m}}} \right]^2 \tag{10-3}$$

10.1.3　过电流和过电压保护与撬棒电路

OP 系统能够保护 EOLTC 免受过电流和过电压的影响。需要注意的是，在二次馈线熔断器动作前，机电开关 R_1 能够保护 EOLTC，防止 EST 二次侧发生永久性短路时损坏 EOLTC。但机电开关的响应速度较慢（通常以毫秒为单位），需要撬棒电路优先动作。当撬棒电路处于激活状态时机电开关 R_1 可以动作，待 R_1 完成动作后撬棒电路可以停用。因此，OP 系统也是 SCSCP 系统的辅助系统。

当 EST 二次侧电流超过额定稳态峰值电流的 120% 时，控制系统会起动撬棒电路的过电流保护，给晶闸管施加触发信号。由于晶闸管需要几微秒的时间才能导通，因此与撬棒电路并联的开关 S_5 将与晶闸管同时导通。而之前处于导通状态的 EOLTC 可以迅速关断，从而避免了重叠大电流。因为晶闸管上的压降比 IGBT 小，所以当晶闸管导通时电流会自然流过晶闸管。因此，开关 S_5 的 IGBT 在撬棒电路工作时可以保持导通状态，作为一种后备保护。

OP 系统可以防止 EST 二次侧意外开路时损坏 EOLTC，只要撬棒电路两端的电压达到击穿二极管（Break Over Diode，BOD）的动作电平时，撬棒电路就会自动起动。BOD 是一种无门极晶闸管，具有动作速度快、分散性小等优点，当施加在 BOD 两端的正向电压超过某一特定值时，BOD 将由断态转换为通态，可根据 EOLTC 两端承受的最大电压水平来确定 BOD 的动作电压。

10.1.4　电压尖峰保护

当 EOLTC 发生换级时，在重叠时间内会导致重叠电流 i_t 流经即将被断开的分接头绕组，因此在分接头绕组的电感中可能会储存一定的能量。重叠时间过后，之前导通的开关被关断，储存在电感中的能量应从分接头绕组中转移出去，否则可能会在已关断的开关上产生电压尖峰，导致其损坏。由无源元件构成的无源缓冲网络包括 C 网络、RC 网络、RCD 网络等，其工作原理是通过缓冲电容来吸收换级过程中电感上储存的能量，从而有效抑制 IGBT 两端的过电压。如图 10-1 所示，与每个分接头绕组并联的缓冲电容可以吸收分接头绕组电感中所储存的能量，从而限制开关关断时的电压尖峰。但缓冲电容会与分接头绕组电感形成谐振电路，因此，如果分接头电阻不足以衰减在换级过程中由缓冲电容和绕组电感之间的能量交换所引起的电压振荡，则还应在缓冲电容中串联一个阻尼电阻。

分接头绕组电感中储存的能量必须与缓冲电容中储存的能量相匹配。在换级过程重叠时间内，分接头绕组电感 L_{tap} 中储存的能量为

$$E_L = 0.5 L_{tap} I_{t,overlap}^2 \tag{10-4}$$

式中，E_L 为分接头电感中存储的能量；$I_{t,overlap}$ 为在规定的重叠时间内通过求解式（8-18）得到的换级过程重叠电流值。

缓冲电容 C_s 中存储的能量为

$$E_C = 0.5 C_s \left[\underbrace{\frac{(V_{tap} + \Delta V_c)^2}{E_1}}_{E_1} - \underbrace{V_{tap}^2}_{E_2} \right] \tag{10-5}$$

式中，E_C 为存储在缓冲电容中的能量；V_{tap} 为分接头绕组上的最大峰值电压；ΔV_c 为缓冲电容上可允许的最大电压变化量。考虑换级过程发生在分接头绕组的峰值电压处（最坏的情况），必须从换级后存储的能量（E_1）中减去换级前存储在缓冲电容中的能量（E_2）。

当开关 S_5 闭合时，分接头绕组上的最大峰值电压 V_{tap} 为

$$V_{tap} = \sqrt{2} V_{sec} \left[N_t / (N_{total} - K N_t) \right] \tag{10-6}$$

此外，ΔV_c 由下式给出：

$$\Delta V_c = V_{tap} (\Delta V_\% / 100) \tag{10-7}$$

为了定义缓冲电容的大小，需确定分接头绕组上可吸收的电压增量 $\Delta V_\%$。但缓冲电容 C_s 的接入可能会产生流经分接头绕组的循环电流，因此，在缓冲电容可吸收的电压增量和循环电流之间存在折中。为了平衡这两个参数，$\Delta V_\%$ 的值可设置为分接头绕组端电压的 10% ~ 50%，以防止 EOLTC 损坏。

因此，联立式（10-4）和式（10-5），缓冲电容 C_s 的计算表达式为

$$C_s = L_{tap} (I_{t,overlap})^2 / (\Delta V_c^2 + 2 V_{tap} \Delta V_c) \tag{10-8}$$

10.1.5　大气放电保护

除了传统上连接到变压器高压侧端子的避雷器外，采用 EOLTC 还需要额外的大气放电保护。雷击过电压可能出现在相线之间，也可能在相线与地之间，所以这就要求对 EST 做差模和共模全保护。为了满足这些要求，在 EST 的一次侧

和撬棒电路均并联安装了共模和差模金属氧化物变阻器（Metal Oxide Varistors，MOV）。MOV 具有非常高的非线性特性，能有效保护设备免受暂态过电压的影响，可以防止 EOLTC 因一次侧或二次侧的雷击过电压而损坏。

10.2　EST 保护系统设计与仿真测试

为了更好地说明 EST 保护系统的应用，根据图 10-2 给出的 EST 保护系统设计流程图，对图 10-1 中的保护系统进行案例设计。

10.2.1　EOLTC 和保护系统的电压要求

1. 小容量 EST 的 EOLTC 和保护系统的电压要求

EOLTC 和保护系统的设计取决于正常和故障条件下的电压与电流水平。在正常操作过程中，EOLTC 均不应损坏，保护系统也不应误动作。从图 8-5 可以看出，在正常工况下，当开关 S_1 或 S_5 接通时，开关 S_5 或 S_1 上将承受最大稳态峰值电压，即 1.96kV。因此，可以根据此电压水平选择小容量 EOLTC 的型号和设计保护系统。

在这种情况下，可以将电压等级为 3kV（IXYS IXGH10N300）的 IGBT 与二极管反并联连接作为双向开关。为了保护 EOLTC，OP 系统运行的过电压限值可设置为 2kV（BOD 元件的动作电压）。构成 OP 系统的电力电子器件可以按照文献［57］中所示的示例进行选择。此外，SCSCP 的工作电压也应高于 1.96kV，最好采用触点绝缘等级高于 2.4kV 的器件。

2. 大容量 EST 的 EOLTC 和保护系统的电压要求

同理，从图 8-9 可以看出，在正常工况下，当开关 S_1 或 S_5 接通时，开关 S_5（VS_5）或 S_1（VS_1）上将承受最大稳态峰值电压，即 62.23kV。因此，可以根据此电压水平选择大容量 EOLTC 的型号和设计保护系统。

在这种情况下，可以将电压等级为 1.7kV 且与二极管反并联连接的 IGBT（FF300R17KE3-Infineon）形成模块，再将这些 IGBT 模块进行串联以达到所需的电压等级，用作双向开关。为了保护 EOLTC，OP 系统运行的过电压限值可设置为 64kV（BOD 元件的动作电压）。此外，SCSCP 的工作电压也应高于 62.23kV，最好采用触点绝缘等级高于 75kV 的器件。

10.2.2　EOLTC 和保护系统的电流要求

1. 小容量 EST 的 EOLTC 和保护系统的电流要求

对于小容量 EST 的 EOLTC 和保护装置设计，应考虑正常和故障情况下流过

EOLTC 的电流。从表 8-3 可知，在正常工况下，当开关 S_5 闭合时流过 EOLTC 的稳态峰值电流达到最大，即 $I_{S5} = 1.0745\text{A}$。型号为 IXYS IXGH10N300（10A/3kV）的 IGBT 模块可以满足电压和电流的要求，并且非重复峰值电流显著高于稳态峰值电流，这代表了 EOLTC 的换级操作过程以及 EST 在二次侧短路时向 OP 系统过渡的安全裕度。

OP 系统和 SCSCP 系统的设计还应考虑 EST 二次侧短路时流经 EOLTC 的短路电流。考虑表 8-2 和表 8-4 的参数，可通过求解式（10-1）获得小容量 EST 二次侧短路时流经 EOLTC 的短路电流，计算结果如图 10-3 所示。

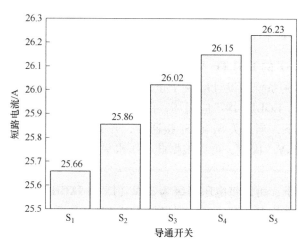

图 10-3　小容量 EST 二次侧短路时流经 EOLTC 的短路电流

从图 10-3 可以看出，当开关 S_5 闭合时，流经 EOLTC 的短路电流达到最大，即 $I_{\text{sec,sc}} = 26.23\text{A}$。因此，机电开关 R_1 和 OP 系统晶闸管的耐流能力应高于 26.23A。

2. 大容量 EST 的 EOLTC 和保护系统的电流要求

同理，从表 8-8 可知，在正常工况下，当开关 S_5 闭合时流过 EOLTC 的稳态峰值电流达到最大，即 $I_{S5} = 38.570\text{A}$，型号为 FF300R17KE3-Infineon（300A/1.7kV）的 IGBT 模块可以满足电压和电流的要求。

OP 系统和 SCSCP 系统的设计还应考虑 EST 二次侧短路时流经 EOLTC 的短路电流。考虑表 8-6 和表 8-7 的参数，可通过求解式（10-1）获得大容量 EST 二次侧短路时流经 EOLTC 的短路电流，计算结果如图 10-4 所示。

从图 10-4 可以看出，当开关 S_5 闭合时求得流经 EOLTC 的最大短路电流为 $I_{\text{sec,sc}} = 11.09\text{kA}$。因此，机电开关 R_1 和 OP 系统晶闸管的耐流能力应高于 11.09kA。

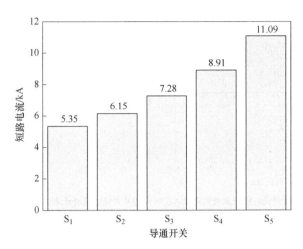

图 10-4　大容量 EST 二次侧短路时流经 EOLTC 的短路电流

10.2.3　过电流和过电压保护系统设计与仿真测试

1. 小容量 EST 的过电流和过电压保护

关于小容量 EST 的 OP 系统，图 10-5 展示了在过载情况下 OP 系统的过电流保护。在本算例中，初始条件设置为开关 S_1 闭合，EST 工作在额定电压和 4.1kW 的负载条件下。然后将负载增加到 16.4kW，当流过开关 S_1 的电流超过其额定稳态峰值电流的 20% 时，控制系统会起动撬棒电路的过电流保护，撬棒电路中的晶闸管将会被导通。因为晶闸管上的压降比 IGBT 小，所以当晶闸管导通时电流会自然流过晶闸管，电流将从 S_1（i_{S1}）切换到撬棒电路（i_{OP}）。

图 10-6 展示了 OP 系统的过电压保护。在该测试中，EOLTC 最初在开关 S_5 接通的情况下，在额定电压和 4.2kW 的负载条件下工作。OP 测试时，开关 S_5 突然断开，EST 二次侧保持开路状态。当开关 S_5 两端的电压 V_{S5} 达到 BOD 的工作电平时（本算例为 2kV），撬棒电路的 BOD 会自动起动以防止 EOLTC 损坏。OP 系统的运行可以从图 10-6b 的二次侧电流 i_s 中发现。

从图 10-5 和图 10-6 可以看出，当小容量 EST 二次侧负载急剧增加或发生短路时，或当 EST 二次侧意外发生开路时，OP 系统可以保护 EST 免受过电流和过电压的影响，防止 EOLTC 被损坏。

2. 大容量 EST 的过电流和过电压保护

同理，关于大容量 EST 的 OP 系统，图 10-7 展示了在过载情况下 OP 系统的过电流保护。在本算例中，初始条件设置为开关 S_1 闭合，EST 工作在额定电压以及 4.8MW 的负载条件下。然后将负载增加到 24MW，当流过开关 S_1 的电流超过其额定稳态峰值电流的 20% 时，控制系统会起动撬棒电路的过电流保护，撬

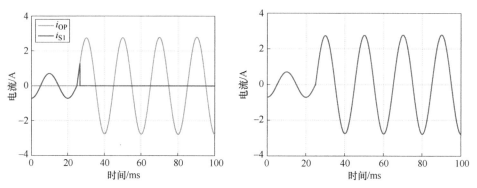

a) 流过开关S_1和OP系统的电流（左）与无OP系统时流过开关S_1的电流（右）

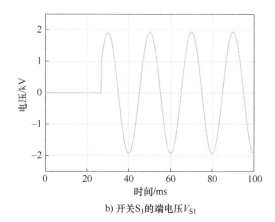

b) 开关S_1的端电压V_{S1}

图 10-5　OP 系统的过电流保护

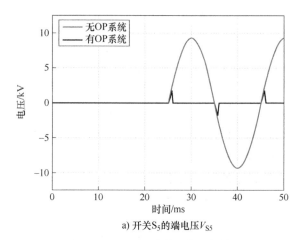

a) 开关S_5的端电压V_{S5}

图 10-6　OP 系统的过电压保护

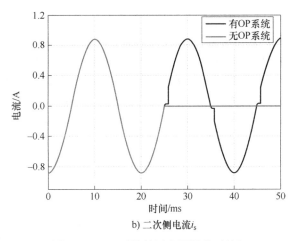

b) 二次侧电流i_s

图 10-6 OP 系统的过电压保护（续）

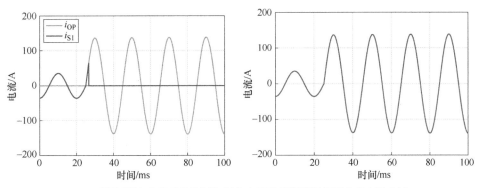

a) 流过开关S_1和OP系统的电流（左）与无OP系统时流过开关S_1的电流（右）

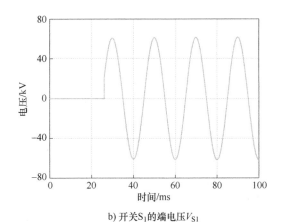

b) 开关S_1的端电压V_{S1}

图 10-7 OP 系统的过电流保护

棒电路中的晶闸管将会被导通。因为晶闸管上的压降比 IGBT 小，所以当晶闸管导通时电流会自然流过晶闸管，电流将从 $S_1(i_{S1})$ 切换到撬棒电路（i_{OP}）。

图 10-8 展示了 OP 系统的过电压保护。在该测试中，EOLTC 最初在开关 S_5 接通的情况下，在额定电压以及 4.8MW 和 3.6Mvar 的负载条件下工作。OP 测试时，开关 S_5 突然断开，EST 二次侧保持开路状态。当开关 S_5 两端的电压 V_{S5} 达到 BOD 的工作电平时（本算例为 64kV），撬棒电路的 BOD 会自动起动以防止 EOLTC 损坏。OP 系统的运行可以从图 10-8b 的二次侧电流 i_s 中发现。

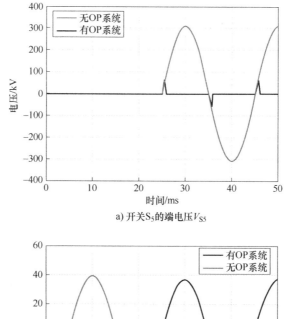

a) 开关S_5的端电压V_{S5}

b) 二次侧电流i_s

图 10-8　OP 系统的过电压保护

同样，从图 10-7 和图 10-8 可以看出，当大容量 EST 二次侧负载急剧增加或发生短路时，或当 EST 二次侧意外发生开路时，OP 系统可以有效保护 EST 免受过电流和过电压的影响，防止 EOLTC 被损坏。

10.2.4　电压尖峰保护系统设计与仿真测试

1. 小容量 EOLTC 的电压尖峰保护

为了设计小容量 EOLTC 的电压尖峰保护，需计算 EOLTC 换级过程的暂态电压。借助 PSCAD/EMTDC X4.5 软件，考虑 PF=0 时开关从 S_1 切换至 S_2 的换级期间，对 EOLTC 的换级过程开展仿真试验，开关 S_1 两端的电压波形如图 10-9 所示。当分接绕组电感 L_{tap} = 3.6mH，重叠电流 $I_{t,overlap}$ = 0.371A（额定纯感性负载），重叠时间为 200μs，以及可接受的电压增量 $\Delta V\%$ = 30% 时，通过式（10-8）可计算出缓冲电容 C_s = 3nF。此外，将引入吸收电容 C_s 后的电压波形也一并绘制在图 10-9 中，以便与没有电压尖峰保护的电压波形进行比较。

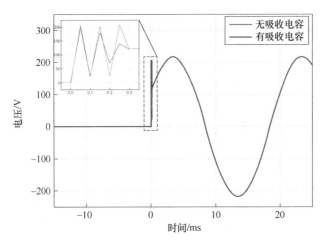

图 10-9　当 PF=0 时开关从 S_1 切换至 S_2 的换级期间内开关 S_1 两端的电压波形

从图 10-9 可以看出，吸收电容的引入可以有效抑制换级过程的暂态电压尖峰，防止 EOLTC 损坏。由于分接开关的绕组电阻足够大，因此无需使用额外的电阻来衰减 LC 谐振，这可以在图 10-9 中得到验证。

2. 大容量 EOLTC 的电压尖峰保护

同理，为了设计大容量 EOLTC 的电压尖峰保护，需计算 EOLTC 换级过程的暂态电压。借助 PSCAD/EMTDC X4.5 软件，考虑 PF=0 时开关从 S_5 切换至 S_1 的换级期间，对 EOLTC 的换级过程开展仿真试验，开关 S_5 两端的电压波形如图 10-10 所示。当分接绕组电感 L_{tap} = 10.2mH，重叠电流 $I_{t,overlap}$ = 13.05A（额定纯感性负载），重叠时间为 123.3μs，以及可接受的电压增量 $\Delta V\%$ = 30% 时，通过式（10-8）可计算出缓冲电容 C_s = 10.4nF（商用电容为 10nF）。此外，将引入吸收电容 C_s 后的电压波形也一并绘制在图 10-10 中，以便与没有电压尖峰保护的电压波形进行比较。

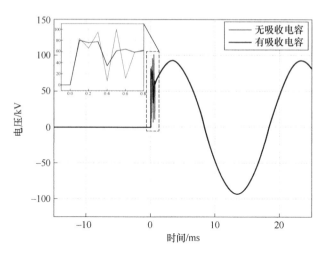

图 10-10　当 PF=0 时开关从 S_5 切换至 S_1 的换级期间内开关 S_5 两端的电压波形

在本算例中虽然流经开关 S_5 的重叠电流很大，将导致严重的暂态过电压，但从图 10-10 中可以看出，VSP 系统抑制了开关 S_5 两端的电压尖峰，使 EOLTC 免受暂态过电压的影响。由于分接开关的绕组电阻足够大，因此无需使用额外的电阻来衰减 LC 谐振，这可以在图 10-10 中得到验证。

10.2.5　大气放电保护系统设计

如图 10-1 所示，EST 的一次侧和二次侧均装设了 ADP 系统。小容量 EST 的 ADP 系统设计需考虑图 8-5 中开关 S_5 的稳态峰值电压 V_{S5}，对于 EST 二次侧 ADP 系统的差模保护，可以使用型号为 Littlefuse V142BB60 的 MOV；对于共模保护，可以选择型号为 ABB POLIM-D 04-01 的避雷器，因为在要求的电压范围内没有找到商用的 MOV。此外，为防止 EST 一次侧的感应放电，型号为 ABB OVR. T1+2. 15. 255/7 的电压浪涌保护器可用于 EST 一次侧的差模和共模保护配置。

而大容量 EST 所涉及的电压等级较高，商用 MOV 已无法满足要求，因此可参考 220kV 变压器的防雷保护，选择满足相应电压等级的金属氧化物避雷器，保护大容量 EST 及其 EOLTC 免受雷击过电压的影响。

10.3　本章小结

本章在 EST 开关暂态模型的基础上，研究了 EST 装置内部的保护系统，并对 EST 的保护系统进行了设计，具体包括驱动电路和短路保护、过电流和过电压保护、电压尖峰保护以及大气放电保护。借助 PSCAD/EMTDC X4.5 软件，开展了仿真测试，结果初步验证了所提保护系统的有效性。并得到了以下结论：

1）所提保护系统能防止 EST 在发生故障或不正常运行情况时损坏 EOLTC，且不同保护之间能相互配合、互为后备，增加了保护系统的可靠性。

2）借助 PSCAD/EMTDC X4.5 软件对保护系统开展了仿真测试，并对有保护和无保护两种情况下的仿真结果进行了比较，初步证明了所提 EST 保护系统的有效性。

3）为了确保 EOLTC 的安全运行，对于 EST 的大气放电保护以及将多个 IGBT 模块串联和并联使用后的均压和均流等问题还需要进一步研究。

第11章

双芯扩展型SEN Transformer 的控制系统设计研究

11.1 TCEST 的控制系统

TCEST 通过控制注入的补偿电压继而控制线路潮流，此外还可以通过调节补偿电压来对线路电压的幅值与相角进行补偿。在此，将 TCEST 的控制模式分为三种：

1）电压调节模式：当 TCEST 工作于电压调节模式时，补偿电压的相角与送端电压相角差 $\beta = 0°$ 或者 $\beta = 180°$，幅值由补偿目标所确认。

2）相角调节模式：当 TCEST 工作于相角调节模式时，补偿电压的相角与送端电压相角差 $\beta = 90°$ 或者 $\beta = -90°$，幅值由补偿目标所确认。

3）潮流调节模式：当 TCEST 工作于潮流调节模式时，补偿电压的相角与送端电压相差以及补偿电压的幅值根据补偿功率目标计算确认。

由于 TCEST 的绕组可以反向接入，因此，根据所需的补偿电压的角度，可以将 TCEST 的调节域分为 6 个区域，每个区域占 60°。而每个区域中又可以分为 3 个子区域，分割后的 TCEST 调节域如图 11-1 所示。在一个区域中，当补偿电压落在子区域 1 内，则只有组成区域边界的电压分量所对应的绕组需要投入运行；当补偿电压落在子区域 2 内，则除上述所述两个绕组外，剩下一个绕组也需要投入运行。而各个绕组所需要投入的档位则根据不同的控制模式与分配策略来确认。

11.1.1 电压调节模式

TCEST 的电压调节模式以受端电压幅值为目标。当 TCEST 工作于电压调节模式时，a_1、b_2、c_3 绕组（即与送端电压同向的绕组）必然会投入运行，剩下的绕组视情况投入运行。以 A 相为例，当补偿电压幅值未超过单个绕组的最大投入电压时，仅有 a_1 绕组投入运行；当补偿电压幅值超过单个绕组的最大投入

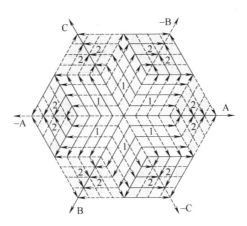

图 11-1　分割后的 TCEST 调节域

电压时，a_1 绕组置于最大档位，b_1 与 c_1 绕组根据剩余电压分配调节档位。其中 b_1 与 c_1 绕组投入档位相同，以保证电压同向。该模式的具体调节过程如下：

1）检测受端电压幅值，与目标受端电压进行比较，并计算误差电压 $\Delta U_{iA} = U_L^* - U_L$。

2）当 ΔU_{iA} 大于 0.5 倍调节步长 U_t 时，准备进行分接头档位调节并计算所需调节的分接头档位；反之则保持原状。

3）根据给定的方法计算所需调节的分接头档位。

4）进行分接头调节。

具体的分接头档位计算方法如下：

以 A 相为例，首先，计算 a_1 绕组等效档位，即 $k_{a1}' = k_{a1} + \text{round}(\Delta U_{iA}/U_t)$。当 k_{a1}' 小于 a_1 绕组最大投入档位 k_{a1max} 时，a_1 绕组目标档位 k_{a1}^* 为

$$k_{a1}^* = k_{a1}' \tag{11-1}$$

当 k_{a1}' 大于 a_1 绕组最大投入档位 k_{a1max} 时，那么 a_1 绕组投入档位为 k_{a1max}，b_1 与 c_1 绕组档位计算如下

$$k_{b1} = k_{c1} = k_{a1}' - k_{a1max} \tag{11-2}$$

电压调节模式原理及控制框图如图 11-2 所示。

11.1.2　相角调节模式

TCEST 的相角调节模式以受端电压相角为目标。当 TCEST 工作于电压调节模式时，b_1、c_1、a_2、c_2、a_3、b_3 绕组（即不与送端电压同向的绕组）必然会投入运行。而 a_1、b_2、c_3 绕组（即与送端电压同向的绕组）不会投入运行。以 A 相为例，当补偿相角为正时，b_1 绕组正向投入，c_1 绕组反向投入；当补偿相角为负时，b_1 绕组反向投入，c_1 绕组正向投入。图 11-3 所示为相角调节模式的基

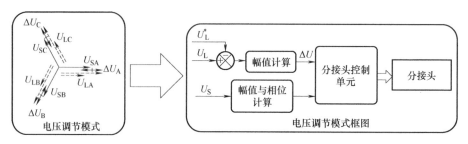

图 11-2　电压调节模式原理及控制框图

本原理及控制框图，该模式的具体调节过程如下：

1）检测受端电压幅值与相角，与目标受端电压相角进行比较，并计算误差相角 $\Delta\delta_{iA}=\delta_L^*-\delta_L$。

2）根据补偿电压相角计算电压误差 $\Delta U_{iA}=\dfrac{U_L\sin\Delta\delta_{iA}}{\cos\delta_L^*}$。

3）当 $\Delta U_{iA}<0.5\sqrt{3}\,U_t$ 时，准备进行分接头档位调节并计算所需调节的分接头档位；反之则保持原状。

4）根据给定的方法计算所需调节的分接头档位。

5）进行分接头调节。

具体的分接头档位计算方法如下：

假定补偿电压相角 90° 时补偿电压为正，那么，b_1 绕组与 c_1 绕组档位计算如下

$$k_{b1}^*=-k_{c1}^*=k_{b1}+\text{round}\left(\frac{\Delta U_i}{\sqrt{3}\,U_t}\right)\tag{11-3}$$

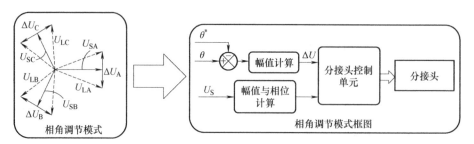

图 11-3　相角调节模式的基本原理及控制框图

11.1.3　潮流调节模式

TCEST 的潮流调节模式以受端功率为目标。当 TCEST 工作于潮流调节模式时，所有二次绕组投入需要根据补偿功率目标来确认。当功率目标确认时，补偿

电压计算如下：

1）根据测量所得的电压电流计算流过线路的功率 P_r 与 Q_r，并计算其与目标功率 P_r^* 与 Q_r^* 之间的差值 ΔP_r 与 ΔQ_r。

2）在 dq 坐标下，电流误差量 ΔI_d 与 ΔI_q 可如下式计算

$$\begin{cases} \Delta I_d = \dfrac{2}{3} \times \dfrac{\Delta P_r U_{rd} - \Delta Q_r U_{rq}}{U_{rd}^2 + U_{rq}^2} \\[3mm] \Delta I_q = \dfrac{2}{3} \times \dfrac{\Delta P_r U_{rq} + \Delta Q_r U_{rd}}{U_{rd}^2 + U_{rq}^2} \end{cases} \tag{11-4}$$

3）在计算电流误差量 ΔI_d 与 ΔI_q 后，即可得到 dq 坐标下的补偿电压 ΔU_d^* 与 ΔU_q^*：

$$\begin{cases} \Delta U_d^* = R\Delta I_d + L\dfrac{\mathrm{d}\Delta I_d}{\mathrm{d}t} - \omega L\Delta I_q + \Delta U_d \\[3mm] \Delta U_q^* = R\Delta I_q + L\dfrac{\mathrm{d}\Delta I_q}{\mathrm{d}t} + \omega L\Delta I_d + \Delta U_q \end{cases} \tag{11-5}$$

4）所需的补偿电压 ΔU_i^* 的幅值与相角可计算如下

$$|\Delta U_i^*| = \sqrt{(\Delta U_d^*)^2 + (\Delta U_q^*)^2} \tag{11-6}$$

$$\delta_i^* = \frac{180°}{\pi}\arctan\frac{\Delta U_q^*}{\Delta U_d^*} \tag{11-7}$$

5）根据给定的方法计算所需调节的分接头档位。

6）进行分接头调节。

具体的分接头档位计算方法如下：

以 A 相为例，A 相的补偿电压是由一次侧 ABC 三相感应至 A 相二次侧的三相电压组合而成，如下所示

$$\Delta U_{iA} = U_{SA}x_A \tag{11-8}$$

式中，$x_A = K_{Aa} + K_{Ab}\angle -120° + K_{Ac}\angle 120°$；$U_{SA}$ 为励磁变压器的一次电压；K_{Aa}、K_{Ab} 与 K_{Ac} 分别为 a 相、b 相以及 c 相的变比。对于最大绕组电压 0.2p.u.，K_{Aa}、K_{Ab} 与 K_{Ac} 的值可在 -0.2~0.2p.u. 之间变化。分接头档位的选择取决于 x_A，x_A 可由下式进行计算：

$$x_A = \frac{\Delta U_{iA}}{U_{SA}} \tag{11-9}$$

根据 TCEST 的基本原理，TCEST 的补偿电压区域可按 60° 分为六个区域。根据所需电压矢量的大小和角度，每个区域又被分成三个小区域。电压分量选择过程如图 11-4 所示。根据所需电压矢量的位置，从各相的二次电压分量进行选择。参考图 11-4a，如果需要的向量位于 OPQR 区域，则只有两个二次绕组需要进行

分接头选择。参考图 11-4b，如果所需的矢量位于 RQS 区域或 PTQ 区域，则需要三个相角来构造所需的电压。

假设 x_A 的幅值为 X_A，相角为 δ_A。当 $\delta_A \in (0°, 60°)$ 时，则组成 A 相补偿电压的电压分量为：保持同相的 A 相与 C 相，进行反向的 B 相。此时，x_A 被修改为 x'_A，即

$$x'_A = K_{Aa} - K_{Ab} \angle -120° + K_{Ac} \angle 120° \tag{11-10}$$

其中，K_{Aa} 与 K_{Ab} 可由下式计算：

$$K_{Ab} = \frac{2X_A \sin(\delta)}{\sqrt{3}\, U_t} \tag{11-11}$$

$$K_{Aa} = \frac{2X_A \cos(\delta) - K_{Ab}}{2U_t} \tag{11-12}$$

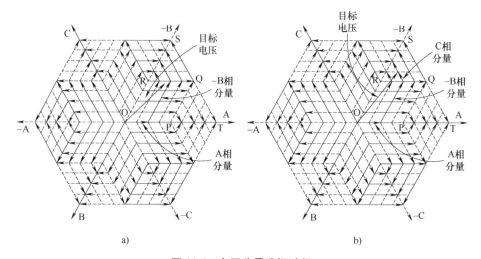

图 11-4　电压分量选择过程

当通过式（11-11）与式（11-12）计算出 K_{Aa} 与 K_{Ab} 后，进一步的分接头选取根据其值所确定，假定 U_{SWM} 为励磁变压器二次侧单个绕组最大电压，则：

1）当 $K_{Aa}U_t < U_{SWM}$ 且 $K_{Ab}U_t < U_{SWM}$ 时，x，A 则位于 OPQR 区域。在 OPQR 区域，只需要两个分量，即 K_{Aa} 与 K_{Ab}，来构建 x，A，因此，在这个情况下，$K_{Ac} = 0$，而由式（11-11）与式（11-12）计算所得 K_{Aa} 与 K_{Ab} 被用于最终的分接头选取。

2）当 $K_{Ab}U_t \geqslant U_{SWM}$ 时，x，A 则位于 RQS 区域。在 RQS 区域，需要三个分量来构建 x，A。在这种情况下，$K_{Ab} = K_{Abmax}$，而 K_{Aa} 与 K_{Ac} 则用下式进行计算：

$$K_{Ac} = \frac{2X_A \sin(\delta) - \sqrt{3} K_{Abm}}{\sqrt{3}\, U_t} \tag{11-13}$$

$$K_{Aa} = \frac{2X_A\cos(\delta) - K_{Ab} + K_{Ac}}{2U_t} \quad (11\text{-}14)$$

3）当 $K_{Aa}U_t \geq U_{SWM}$ 时，x，A 则位于 PTQ 区域。在 PTQ 区域，需要三个分量来构建 x，A。在这种情况下，$K_{Aa} = K_{Aamax}$，而 K_{Ab} 与 K_{Ac} 则用下式进行计算：

$$K_{Ab} = \frac{\sqrt{3}X_A\cos(\delta) - \sqrt{3}K_{Aam} + X_A\sin(\delta)}{\sqrt{3}U_t} \quad (11\text{-}15)$$

$$K_{Ac} = \frac{-\sqrt{3}X_A\cos(\delta) + \sqrt{3}K_{Aam} + X_A\sin(\delta)}{\sqrt{3}U_t} \quad (11\text{-}16)$$

在上述情况下，采用四舍五入来确认最近的分接头位置。这种方式得到的分接头位置所形成的补偿电压虽然与所需的补偿电压接近，但是误差不一定最小。因此，为了找到离 x_A 最近的工作点，从得到的 K_{Aa}、K_{Ab} 与 K_{Ac} 出发，考虑相邻的 4 个不同工作点，比较它们到 x_A 的距离。相邻的点可以由下式给出：

$$x_A(a \quad b \quad c) = K'_{Aa} - K'_{Ab}\angle -120° + K'_{Ac}\angle 120° \quad (11\text{-}17)$$

其中，$K'_{Aa} = K_{Aa} + m$，$K'_{Ab} = K_{Ab} + n$，$K'_{Ac} = K_{Ac} + o$，$m,n,o \in \{0,1\}$。计算每个相邻工作点到 x_A 的距离，选择距离目标电压矢量距离最短的工作点 $x_A(m,n,o)$ 作为目标点进行分接头切换操作。当最近工作点被确定时，对应的 K'_{Aa}、K'_{Ab} 和 K'_{Ac} 也被确定，那么各个绕组所需要投入的档位如下式所示

$$T_{aa} = T_{bb} = T_{cc} = K'_{Aa} \quad (11\text{-}18)$$

$$T_{ab} = T_{bc} = T_{ca} = -K'_{Ab} \quad (11\text{-}19)$$

$$T_{ac} = T_{ba} = T_{cb} = K'_{Ac} \quad (11\text{-}20)$$

当 $\delta_A \notin (0°, 60°)$ 时，可通过将 δ_A 转换为 δ'_A，即 $\delta'_A = \mathrm{mod}(\delta_A/60°)$，将 x_A 旋转至 $(0°, 60°)$ 的范围再进行如上的分接开关选择操作。由于分接开关选择过程经过了如上转换，因此分接开关档位的最终选择也需要进行转换才能获得正确的开关档位。当 δ_A 处于不同电压相角时，分接开关档位转换表见表 11-1。潮流调节模式原理及控制框图如图 11-5 所示。

表 11-1 分接开关档位转换表

δ_A	T_{aa}，T_{bb}，T_{cc}	T_{ab}，T_{bc}，T_{ca}	T_{ac}，T_{ba}，T_{cb}
$\delta_A \in (0°, 60°)$	K'_{Aa}	$-K'_{Ab}$	K'_{Ac}
$\delta_A \in (60°, 120°)$	$-K'_{Ac}$	$-K'_{Aa}$	K'_{Ab}
$\delta_A \in (120°, 180°)$	$-K'_{Ab}$	K'_{Ac}	K'_{Aa}
$\delta_A \in (180°, 240°)$	$-K'_{Aa}$	K'_{Ab}	$-K'_{Ac}$
$\delta_A \in (240°, 300°)$	K'_{Ac}	K'_{Aa}	$-K'_{Ab}$
$\delta_A \in (300°, 360°)$	K'_{Ab}	$-K'_{Ac}$	$-K'_{Aa}$

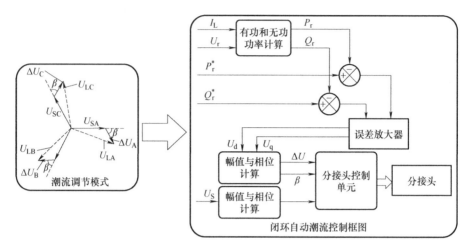

图 11-5 潮流调节模式原理及控制框图

11. 2 算例分析

含 TCEST 的等效电力系统如图 11-6 所示，TCEST 和电气系统的主要参数设置见表 11-2。在 MATLAB/Simulink 环境中，按照上述所提控制方式与策略，搭建 TCEST 的控制系统。同时，在 MATLAB/Simulink 中，采用已有的单相双绕组变压器模型与晶闸管模型建立了 TCEST 的简化模型，其中，9 个单相多绕组变压器模型组合成励磁变压器，3 个单相双绕组变压器组合成串联变压器，并由单个晶闸管模型组合成 27 个电力电子桥式开关用于改变接入档位。本章根据 TCEST 的 3 种控制模式，开展 3 个不同的实验对所提的控制系统的有效性进行验证，并对其在调节过程中的影响进行了分析。此外，在一个修改的 2 机 5 节点的系统中，对比了 TCEST 与 UPFC 的差异。

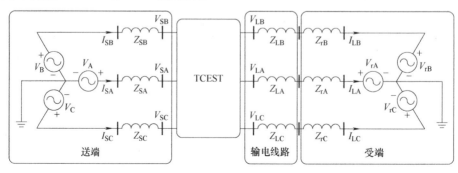

图 11-6 含 TCEST 的等效电力系统

表 11-2　TCEST 和电气系统的主要参数设置

系 统 参 数	数　值
基准容量和基准电压	160MW，138kV
送端线电压标幺值	$1\angle 0°$
受端线电压标幺值	$1\angle -20°$
送端等效电源的串联阻抗	1.0053Ω，19.17mH
受端等效电源的串联阻抗	0Ω，0mH
输电线路阻抗	4.8013Ω，106.59mH
TCEST 一次侧漏抗	0.25mH
TCEST 二次侧漏抗	0.08mH
TCEST 分接头最高档位标幺值	0.4p.u.

11.2.1　算例 1：电压调节模式下的有效性验证

对 TCEST 的电压调节模式进行了如下实验：当 $t<2s$ 时，系统处于无补偿状态，TCEST 受端电压 U_L 等于送端电压 U_S；当 $t=2s$ 时，将受端电压 U_L 补偿至 1.2p.u.；当 $t=5s$ 时，将受端电压 U_L 补偿至 1.35p.u.；当 $t=8s$ 时，将受端电压 U_L 补偿至 0.93p.u.；当 $t=12s$ 时，将受端电压 U_L 补偿至 0.77p.u.。TCEST 受端电压与补偿电压仿真结果如图 11-7 所示。

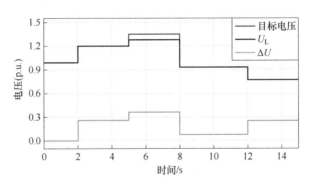

图 11-7　TCEST 受端电压与补偿电压仿真结果

由图 11-7 可以看出，所提的控制策略能够使得 TCEST 准确跟踪目标电压，修改投入的绕组配置。由于 TCEST 本质为离散调节，因此调节存在误差。最大误差发生在 5~8s，最大误差为 0.07p.u.。这是由于当 TCEST 进行电压补偿时，流过线路的电流会改变。当补偿电压增大时，电流也越大，在送端线路阻抗上产生的电压也越大。这使得 TCEST 送端电压降低，导致产生的补偿电压降低，无法补偿至目标电压。但对于其他的目标电压，TCEST 受端电压能够很好地跟随目标电压的变化而调节其补偿电压，仿真结果中的最大误差为 0.005p. u.，发生于 8~12s。结果表明，由于 TCEST 采用晶闸管进行调节，其调节速度较快，足以应用于电力系统快速暂态调节。

11.2.2 算例2：相角调节模式下的有效性验证

当 TCEST 处于相角调节模式时进行了如下实验：当 $t<2s$ 时，系统处于无补偿状态，TCEST 受端电压 U_L 的相角等于送端电压 U_S 的相角；当 $t=2s$ 时，调节受端电压 U_L 的相角至 10°；当 $t=5s$ 时，调节受端电压 U_L 的相角至 20°；当 $t=8s$ 时，调节受端电压 U_L 的相角至 −5°；当 $t=12s$ 时，调节受端电压 U_L 的相角至 −15°。TCEST 受端电压相角与补偿电压仿真结果如图 11-8 所示。

由图 11-8 可以看出，所提的控制策略能够使得 TCEST 准确实现相角调节，并保证快速响应。与电压调节模式类似，相角的增大导致线路电流增大，使得 TCEST 送端电压降低，导致产生的补偿电压减小。最大调节误差发生在目标相角最大的 5~8s 时间段，最大误差为 1.06°，而其他的补偿目标的最大误差仅为 0.44°。上述结果表明，虽然是离散调节，但 TCEST 的调节具有足够高的精度，可以投入实际应用。

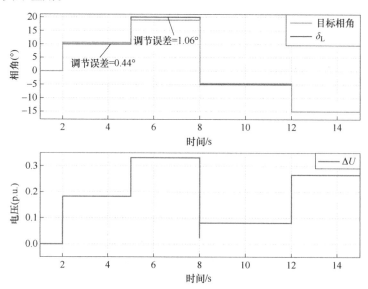

图 11-8　TCEST 受端电压相角与补偿电压仿真结果

11.2.3 算例3：潮流调节模式下的有效性验证

在 MATLAB/Simulink 环境下对图 11-6 中所示系统中的 TCEST 的运行进行了仿真，并通过所提出的控制策略与分接头选择方法实现了对线路潮流的调控。当

$t<2s$ 时，系统处于无补偿状态；在无补偿模式下，有功功率 P_r 和无功功率 Q_r 分别等于 132.1MW 和 -40.7Mvar，即基准功率 P_n 和 Q_n。当 $t=2s$ 时，设定功率目标：有功功率目标 $P_r^*=0.7\text{p.u.}$，无功功率目标 $Q_r^*=-0.5\text{p.u.}$。当 $t=5s$ 时，将有功功率目标改为 -0.13p.u.，无功功率目标改为 -0.4p.u.。当 $t=8s$ 时，有功功率目标 $P_r^*=0.37\text{p.u.}$，无功功率目标 $Q_r^*=0.37\text{p.u.}$。当 $t=11s$ 时，有功功率目标 $P_r^*=1.35\text{p.u.}$，无功功率目标 $Q_r^*=0.25\text{p.u.}$。当 $t=14s$ 时，有功功率目标 $P_r^*=1.7\text{p.u.}$，无功功率目标 $Q_r^*=-0.2\text{p.u.}$。线路受端有功功率与无功功率的仿真结果如图 11-9 所示。TCEST 补偿电压与相角的仿真结果如图 11-10 所示。表 11-3 给出了线路受端有功功率和无功功率与 TCEST 的补偿电压在不同时刻的测量值，由表 11-3 可看出，当 $2s<t<5s$ 时，线路稳态有功功率为 0.686p.u.，无功功率为 -0.506p.u.；当 $5s<t<8s$ 时，线路稳态有功功率为 -0.130p.u.，无功功率为 -0.383p.u.；当 $8s<t<11s$ 时，线路稳态有功功率为 0.383p.u.，无功功率为 0.364p.u.；当 $11s<t<14s$ 时，线路稳态有功功率为 1.345p.u.，无功功率为 0.249p.u.；当 $t>14s$ 时，线路稳态有功功率为 1.667p.u.，无功功率为 -0.184p.u.。其中最大有功功率误差出现在 14~15s，误差值为 0.033p.u.。最大无功功率误差出现在 5~8s，误差值为 0.017p.u.。

表 11-3 线路受端有功功率和无功功率与 TCEST 的补偿电压在不同时刻的测量值

时间/s	$P_r^*/\text{p.u.}$	$Q_r^*/\text{p.u.}$	$P_r/\text{p.u.}$	$Q_r/\text{p.u.}$	$\Delta U/\text{p.u.}$
3	0.7	-0.5	0.686	-0.506	0.117∠186.64°
6	-0.13	-0.4	-0.130	-0.383	0.393∠124.02°
9	0.37	0.37	0.383	0.364	0.297∠-60.14°
13	1.35	0.25	1.345	0.249	0.321∠24.96°
15	1.7	-0.2	1.667	-0.184	0.369∠60.06°

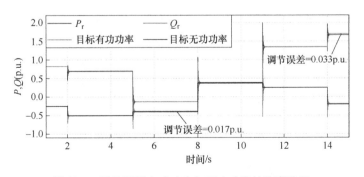

图 11-9 线路受端有功功率与无功功率的仿真结果

由图 11-9 与图 11-10 可以看出，所提的控制策略能够使 TCEST 实现较快的响应速度，并能够准确跟随功率目标的变化而改变投入的绕组配置。由表 11-3 可知，当补偿电压达到稳定时，线路流过的有功功率与无功功率与功率目标之间的稳态误差较小，足以满足实际工程需求。此外，由 11.1.3 节可知，所提控制策略会受到线路阻抗的影响。因此，线路阻抗的测量对 TCEST 的调节准确性具有较大的影响。在实际设计中，有必要对安装线路进行精确的测量，以保证 TCEST 能够提供误差较小的补偿电压。

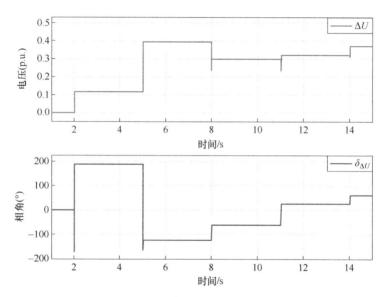

图 11-10　TCEST 补偿电压与相角的仿真结果

11.2.4　算例 4：TCEST 与 SCST 的性能对比

为了研究双芯结构的影响，分别在 TCEST 与传统 ST，即单芯 ST（Single-Core SEN Transformer，SCST）进行了算例分析。通过给定的串联电压注入设置，记录了 TCEST 和 SCST 的暂态响应。TCEST 和 SCST 的暂态功率响应如图 11-11 所示。

根据参考文献 [61] 中的电压调节策略，当 $t<5s$ 时，系统处于无补偿状态；在无补偿模式下，有功功率 P_r 和无功功率 Q_r 分别等于 132.1MW 和 -40.7Mvar，即基准功率 P_n 和 Q_n。当 $t=5s$，补偿电压设为 0.2p.u∠300°。达到要求的补偿电压需要 3.5s，步长为 0.05p.u.，每步过渡需要 0.5s。在此期间，无功功率 Q_r 增加到 25.1Mvar，有功功率 P_r 降低到 84.6MW。当 β 变为 240°，ΔU 的量级不变时，在 $t=14s$ 之前，功率保持稳定。P_r 值从 84.6MW 逐渐下降到 53.7MW。在

$t = 17.5$s 时，Q_r 也会减小，直到达到稳态值 -46Mvar。在 $\beta = 240°$ 时，ΔU 进一步增加到 0.4p. u.，这促使功率转换到 -28MW 和 -50.6Mvar。TCEST 和 SCST 的 P_r 和 Q_r 结果总体上一致，说明 TCEST 可以提供与 SCST 相同的功率流控制能力。但需要注意的是，当 TCEST 切换档位过大时，对电网也会存在较大的冲击。实际工程中可以适当放慢 TCEST 的调节速度以减小 TCEST 切换给电网带来的冲击。图 11-12 和图 11-13 所示分别为电流 I_a TCEST 和补偿电压 ΔU 的暂态响应。参考文献 [80] 的结果也显示在图 11-12 和图 11-13 中。

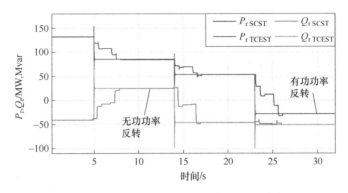

图 11-11　TCEST 和 SCST 的暂态功率响应

TCEST 的励磁绕组的二次绕组电流 I_a TCEST 和 SCST 的线电流 $I_{LA\,SCST}$ 都是流过 TCEST 或 SCST 的 OLTC 的电流。由图 11-12 可见，I_a TCEST 与 $I_{LA\,SCST}$ 具有相同的趋势。然而，I_a TCEST 的幅值大约是 $I_{LA\,SCST}$ 的一半。这表明，双芯结构对 OLTC 具有一定的保护作用，它可以抑制流过 OLTC 的电流，防止外部故障电流对其造成损坏。

对比参考文献 [80] 中补偿电压的结果，可以发现 TCEST 可以产生与 SCST 几乎相同的补偿电压。此外，由于电力电子器件的加入，TCEST 的调节速度要比 SCST 快许多，说明 TCEST 的设计能够提高响应速度。

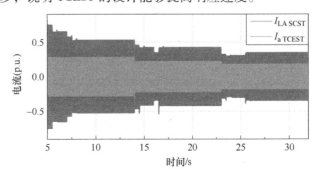

图 11-12　电流 I_a TCEST 的暂态响应

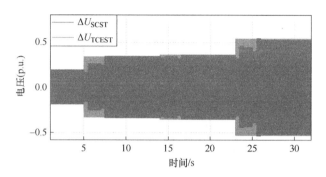

图 11-13　补偿电压 ΔU 的暂态响应

11.2.5　算例 5：TCEST 与 UPFC 的性能对比

为了对比 TCEST 和 UPFC 在潮流调控特性上的差异，在图 11-14 所示的含 TCEST 的 IEEE 2 机 5 节点系统中，参照参考文献 [81] 进行了如下实验：将 TCEST 或 UPFC 置于节点 3 与节点 4 之间的线路中，并加入节点 6 用于测量装置 受端的功率。在 $t<5s$ 时，系统处于稳态，TCEST 和 UPFC 均未投入补偿；5s 后，设置功率补偿目标并开始调节：有功功率目标设为 38.90MW，无功功率目标设 为 7.13Mvar。记录节点 6 功率的暂态响应，如图 11-15 所示。

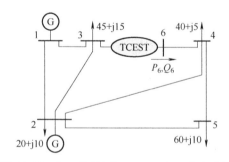

图 11-14　含 TCEST 的 IEEE 2 机 5 节点系统

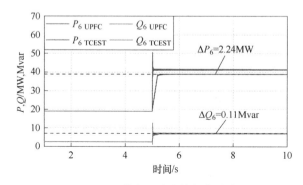

图 11-15　节点 6 功率的暂态响应

由图 11-15 可见，UPFC 调节为连续调节，具有较快的调节速度，于 5.2s 完成调节，而且调节没有误差；TCEST 调节本质为离散调节，调节完成后的稳态功率与调节目标之间存在一定的误差，有功功率误差为 2.24MW，无功功率误差为 0.11Mvar，但由于是晶闸管控制，速度更快，基本在 5s 时完成调节。由上述比较可见，相较于 UPFC，TCEST 不能做到无差调节，但是 TCEST 具有较快的调节速度，且调节完成后产生的误差在可接受范围内。造成上述差异的主要原因是 UPFC 是基于电力电子开关和 PWM 原理的潮流控制器，能够根据目标的变化，连续调节补偿电压，使得误差为 0，实现无差调节；而 TCEST 是基于变压器原理和有载分接开关的潮流控制器，其调节精度和速度受到分接开关的步进电压以及切换速度的影响。但相较于 UPFC，TCEST 的成本要低得多，且损耗低、寿命长、可靠性更高。在控制精度要求不高的场景下，TCEST 的适用性要更好。

11.3　本章小结

随着电网发电和需求的变化，接近稳态稳定极限的输电线路容易出现过载现象。FACTS 装置被广泛应用于修改输电线路参数以控制潮流。TCEST 作为一种新型的电磁式潮流控制器，值得进行关注。本章基于 TCEST 的基本工作原理，将 TCEST 的控制模式分为三种：即电压调节模式、相角调节模式、潮流调节模式，并设计了 TCEST 在三种不同控制模式下的控制方案。在 MATLAB/Simulink 环境下对所提控制方案的有效性进行了验证。结论如下：

1）对于潮流调控模式，其控制方案受到线路参数的影响。在实际应用中需要对所安装线路参数进行准确的测量以保证 TCEST 调控的精度。

2）在 TCEST 与 SCST 的对比中可以发现，由于双芯结构的存在，使得 TCEST 中的电力电子分接开关能够从线路中隔离开来，流过分接开关的电流相比于 SCST 大幅降低，在本章的参数下，降低幅度约为 50%。这说明了这种设计能够有效降低由于外部故障所引起的过电流对分接开关影响的风险。

3）由于 TCEST 本质为离散调节，其调节精度相较于 UPFC 要差。但受益于电力开关的应用，TCEST 的响应速度较快。而且 TCEST 不需要频繁地切换，运行损耗较低，而且可靠性更高。

第12章

结论与建议

12.1 主要结论

1）介绍了 EST 的工作原理，对 EST 的拓扑、运行域和经济性进行了分析。并与传统 ST 进行了比较，从理论上证明了 EST 具有更高的控制精度和更大的运行域。进一步地，介绍了目前 EST 的两种分接头控制策略，为后续 EST 进行潮流调控研究时其本体的控制实现奠定了基础。

2）建立了一种适用于统一迭代潮流计算的 EST 稳态潮流模型。在一个含 EST 修改的 IEEE 6 机 30 节点和一个 IEEE 54 机 118 节点系统中展开，通过比较在电压调节、相角调节和功率调节模式下文中所提模型与仿真得出的系统各节点电压幅值、相角和串联补偿电压，其误差在合理的范围内，验证了所提模型的有效性。此外，得到了以下结论：

所提的 EST 模型考虑了 EST 的三种不同控制模式，即功率调节、电压调节和相角调节模式，增强了该模型的实用性；ST 和 EST 的额定容量相同时，且分接头数目相同时，EST 的调节步长可减少为 ST 的一半，使得 EST 的控制精度更高。

3）提出了一种考虑风电和负荷不确定性场景下，通过 EST 调控系统潮流使得系统可预测性最好或系统有功损耗均值最小的控制方案，并且能够同时考虑到 EST 的安装位置。通过以上的算例分析，可以发现：

通过 EST 的优化调控能够有效地改善系统的可预测性，但是在增加系统可预测性的同时，系统的有功损耗均值会有一定的增加，所以应综合考虑系统的实际应用需求，选取相应的调控策略；不同比例风电渗透率的场景下，风电的渗透率越低，其优化得出的最大系统可预测性指标值越大，反之越小。

4）推导了一种基于相分量法的 EST 短路故障模型，借助 MATLAB 编写短路电流计算程序和 PSCAD/EMTDC 软件开展时域仿真，验证了所提模型的有效性，并得出以下结论：

从 EST 短路模型适用性的角度出发，利用相分量法建模能准确计及 EST 各绕组间的互感，以及能考虑不平衡系统参数给系统短路电流计算所带来的影响；从 EST 的运行角度出发，当 EST 工作于相角调节模式时，其超前补偿与滞后补偿工作工况下，发生三相或单相短路时的短路电流大小相同。当 EST 工作于电压调节模式时，发生单相故障时同相补偿时的短路电流大于反相补偿时的短路电流。但是对于功率调节模式时，其短路电流的大小应综合考虑 EST 本体参数和补偿电压幅值、相角；从抑制短路电流的角度出发，当系统发生单相故障时，保持补偿电压相角不变，增加补偿电压幅值以减小短路电流；当系统发生三相故障时，应进行同相补偿，且增大补偿电压幅值。

5）基于 UMEC 提出了一种适用于三相三柱式结构的考虑多绕组耦合的 ST 电磁解析模型。借助一个三相三柱式 ST，通过比较电磁解析计算结果与现有 ST 串联电压补偿仿真结果，证明了所提模型的有效性。结论如下：

从磁路的角度出发，采用 UMEC 能够考虑 ST 铁心的拓扑，表征出三相三柱式变压器结构磁路的不对称性，能更精确地反映 ST 内部的电磁特性；从电磁耦合的角度出发，考虑多绕组磁耦合效应后对解析计算结果的影响不大，但也不宜忽视，只有个别绕组电压和支路电流的幅值及相角有较明显的改变，但幅值差异小于或等于 6%，相角差异小于或等于 7°；从模型适用性的角度出发，本书所提电磁解析模型仅适用于三相三柱式结构 ST。而三相芯式变压器三角形结构、三相四柱式以至三相五柱式等结构 ST 的电磁模型也值得进一步研究。

6）提出了一种基于电子式有载分接开关的 SEN Transformer 潮流控制装置的开关暂态模型，包括 EOLTC 的稳态电压和电流，换级过程中 EOLTC 的暂态电流和电压的评估值，以及 EOLTC 的选型和电压尖峰保护系统设计。借助 MATLAB 和 PSCAD/EMTDC 软件，对 EOLTC 的换级过程进行了开关暂态计算和仿真试验。同时得到以下结论：

负载功率因数会影响 EOLTC 换级过程重叠时间的确定，感性负载越大，流过 EOLTC 的重叠电流上升速度越快。因此，必须通过对纯感性负载的评估来确定 EOLTC 的换级重叠时间；EOLTC 的换级过程中需要在短时间内重叠两个分接开关，即两个开关同时导通。因此，在重叠时间内 EOLTC 可能会受到暂态过电压和过电流的严重影响，需要设计相应的电压尖峰保护，以保证 EOLTC 的安全运行。否则，EOLTC 上可能会产生电压尖峰，导致其损坏；将大功率 EOLTC 应用于 ST，提高了传统 ST 的动态响应速度，可提供快速的 μs 级响应能力，能适用于对动态调节能力、响应速度要求高的应用场合。

7）在 EST 开关暂态模型的基础上，研究了 EST 装置内部的保护系统，并对 EST 的保护系统进行了设计，包括驱动电路和短路保护、过电流和过电压保护与撬棒电路、电压尖峰保护以及大气放电保护。借助 PSCAD/EMTDC X4.5 仿真软件，对本文所提的 EST 的保护系统进行了仿真测试，仿真结果验证了所提保护系统的有效性。并得到了以下结论：

所提保护系统能防止 EST 在发生故障或不正常运行情况时被损坏，且不同保护之间能相互配合、互为后备，增加了保护系统的可靠性；借助 PSCAD/EMTDC X4.5 软件对保护系统进行了仿真测试，并对有保护和无保护两种情况下的仿真结果进行了比较，证明了所提 EST 保护系统的有效性；为了确保 EOLTC 的安全运行，对于 EST 的大气放电保护以及将多个 IGBT 模块串联和并联使用后的均压和均流等问题还需要进一步研究。

8）提出了一种基于 UMEC 的 TCST 电磁暂态模型，借助 MATLAB 和 PSCAD/EMTDC 进行了解析计算和验证，并与现有 SCST 时域仿真结果，UPFC 潮流调节仿真结果进行了对比和分析。结论如下：

本文所提基于 UMEC 的 TCST 电磁暂态模型能够考虑其内部铁心结构，磁路的不对称以及相间绕组耦合的影响，相较于 PSCAD 中由多个单相变压器组合而成的 TCST 模型，具有更高的精确度；TCST 能够使分接开关从线路中隔离开来，使其流过分接头的电流相比于 SCST 大幅降低，在本文的参数下，降低幅度约为 50%，说明这种设计能够有效降低由于外部故障所引起的过电流对分接开关影响的风险；在采用相同分接头调压步长的情况下，由于 TCST 的实际调节步长相比于 SCST 要更小，使得其精度更高，但是 TCST 所需调节次数更多。

9）采用对偶原理推导了计及铁心涡流效应和磁路耦合效应的一个三相五柱式 ST 准稳态模型。算例在一个 138kV、160MVA 的三相五柱式 ST 及其电气系统中展开，与现有文献所得功率、电压、电流等潮流控制结果，以及与 MATLAB/Simulink 仿真模型所得故障电流结果的比较表明了所提模型的有效性。从模型适用性的角度来看，本文利用对偶原理，可实现由三相五柱式 ST 的等效磁路得到其等效电路，能够保证其拓扑的正确性，对于不同铁心结构的 ST 有较强的适用性；从电磁耦合的角度来看，本文所提模型能够考虑 ST 相间的磁耦合作用、绕组间漏磁通作用以及涡流效应，能够较为准确地反映 ST 的内在电磁特性；从铁心结构的角度来看，不同铁心结构的 ST 对输出电流的不平衡度有一定的影响，当不平衡负载较为严重时，五柱式 ST 的输出电流不平衡度要好于三柱式 ST，但本例差异未超过 4%。

12.2　后续工作建议

本书对扩展型 SEN Transformer 的电磁解析模型与保护系统开展了部分研究

工作，由于个人能力和时间的限制，仍存在一些有待深入研究的问题，主要有以下几个方面：

1）本书所提电磁解析模型仅适用于三相三柱式结构 ST，而三相芯式变压器三角形结构 ST 和三相四柱式结构 ST 的电磁模型亦值得进一步研究。

2）本书研究了三相三柱式结构 ST 的电磁关系，而 ST 有限元模型的构建和电-磁-热多物理场的仿真分析也需要进一步深入，以获得更加合理的绕组结构设计和铁磁材料技术要求。

3）开关过程中由于谐振或谐波等因素的影响，发生的快速暂态过程可能会引起严重的过电压，而这些过电压对 ST 或 EST 装置本身的影响也值得进一步深入研究。

4）本书所提保护系统仅涉及 EST 内部 EOLTC 的相关保护，而 ST 及其变种的变压器保护如瓦斯保护、差动保护，以及对电力系统保护的影响亦值得进一步深入。

5）本书主要考虑了风电接入系统和负荷的波动影响，但是未考虑各风力发电机出力的关联性以及光伏的接入，下一步将开展相关方面的研究。

6）本书开展 EST 的潮流调控方法研究时主要是为了提高系统的可靠性，但是未考虑增大系统的最大输电能力（ATC），下一步研究工作应综合这两个方面，充分发挥 EST 的潮流调节能力。

7）本书针对 EST 的不同潮流控制模式，对线路的短路电流进行了分析。但是本书为了简化分析，其设置的短路点位于 EST 的受端出口处。下一步应该针对一个较大的系统，设置不同短路点，对整个系统的电流分布进行分析，以得出更为全面的控制策略。

附　　录

附　录　A

A-1　UMEC 等效磁路各节点的磁通代数方程和等效磁路的节点关联矩阵

各节点的磁通代数方程为

$$\begin{cases}
\Phi_A - \Phi_{AB} - \Phi_{a0} - \Phi_{la1} = 0 \\
-\Phi_B + \Phi_{AB} + \Phi_{BC} - \Phi_{b0} - \Phi_{lb1} = 0 \\
\Phi_C - \Phi_{BC} - \Phi_{c0} - \Phi_{lc1} = 0 \\
-\Phi_A + \Phi_{a1} + \Phi_{la1} - \Phi_{la2} = 0 \\
\Phi_B - \Phi_{b1} + \Phi_{lb1} - \Phi_{lb2} = 0 \\
-\Phi_C + \Phi_{c1} + \Phi_{lc1} - \Phi_{lc2} = 0 \\
-\Phi_{a1} + \Phi_{a2} + \Phi_{la2} - \Phi_{la3} = 0 \\
\Phi_{b1} - \Phi_{b2} + \Phi_{lb2} - \Phi_{lb3} = 0 \\
-\Phi_{c1} + \Phi_{c2} + \Phi_{lc2} - \Phi_{lc3} = 0 \\
-\Phi_{a2} + \Phi_{a3} + \Phi_{la3} - \Phi_{la4} = 0 \\
\Phi_{b2} - \Phi_{b3} + \Phi_{lb3} - \Phi_{lb4} = 0 \\
-\Phi_{c2} + \Phi_{c3} + \Phi_{lc3} - \Phi_{lc4} = 0
\end{cases}$$

等效磁路的节点关联矩阵为

$$\boldsymbol{A}^{\mathrm{T}} = \begin{bmatrix}
1 & 0 & 0 & -1 & 0 & 0 & 0 & 0 & 0 & 0 & 0 & 0 \\
0 & -1 & 0 & 0 & 1 & 0 & 0 & 0 & 0 & 0 & 0 & 0 \\
0 & 0 & 1 & 0 & 0 & -1 & 0 & 0 & 0 & 0 & 0 & 0 \\
0 & 0 & 0 & 1 & 0 & 0 & -1 & 0 & 0 & 0 & 0 & 0 \\
0 & 0 & 0 & 0 & -1 & 0 & 0 & 1 & 0 & 0 & 0 & 0 \\
0 & 0 & 0 & 0 & 0 & 1 & 0 & 0 & -1 & 0 & 0 & 0 \\
0 & 0 & 0 & 0 & 0 & 0 & 1 & 0 & 0 & -1 & 0 & 0 \\
0 & 0 & 0 & 0 & 0 & 0 & 0 & -1 & 0 & 0 & 1 & 0 \\
0 & 0 & 0 & 0 & 0 & 0 & 0 & 0 & 1 & 0 & 0 & -1 \\
0 & 0 & 0 & 0 & 0 & 0 & 0 & 0 & 0 & 1 & 0 & 0 \\
0 & 0 & 0 & 0 & 0 & 0 & 0 & 0 & 0 & 0 & -1 & 0 \\
0 & 0 & 0 & 0 & 0 & 0 & 0 & 0 & 0 & 0 & 0 & 1 \\
-1 & 1 & 0 & 0 & 0 & 0 & 0 & 0 & 0 & 0 & 0 & 0 \\
0 & 1 & -1 & 0 & 0 & 0 & 0 & 0 & 0 & 0 & 0 & 0 \\
-1 & 0 & 0 & 0 & 0 & 0 & 0 & 0 & 0 & 0 & 0 & 0 \\
0 & -1 & 0 & 0 & 0 & 0 & 0 & 0 & 0 & 0 & 0 & 0 \\
0 & 0 & -1 & 0 & 0 & 0 & 0 & 0 & 0 & 0 & 0 & 0 \\
-1 & 0 & 0 & 1 & 0 & 0 & 0 & 0 & 0 & 0 & 0 & 0 \\
0 & -1 & 0 & 0 & 1 & 0 & 0 & 0 & 0 & 0 & 0 & 0 \\
0 & 0 & -1 & 0 & 0 & 1 & 0 & 0 & 0 & 0 & 0 & 0 \\
0 & 0 & 0 & -1 & 0 & 0 & 1 & 0 & 0 & 0 & 0 & 0 \\
0 & 0 & 0 & 0 & -1 & 0 & 0 & 1 & 0 & 0 & 0 & 0 \\
0 & 0 & 0 & 0 & 0 & -1 & 0 & 0 & 1 & 0 & 0 & 0 \\
0 & 0 & 0 & 0 & 0 & 0 & -1 & 0 & 0 & 1 & 0 & 0 \\
0 & 0 & 0 & 0 & 0 & 0 & 0 & -1 & 0 & 0 & 1 & 0 \\
0 & 0 & 0 & 0 & 0 & 0 & 0 & 0 & -1 & 0 & 0 & 1 \\
0 & 0 & 0 & 0 & 0 & 0 & 0 & 0 & 0 & -1 & 0 & 0 \\
0 & 0 & 0 & 0 & 0 & 0 & 0 & 0 & 0 & 0 & -1 & 0 \\
0 & 0 & 0 & 0 & 0 & 0 & 0 & 0 & 0 & 0 & 0 & -1
\end{bmatrix}^{\mathrm{T}}$$

A-2　式（8-16）中的系数

式（8-16）中的系数如下

$k_{11} = R_{\mathrm{eq,x}} + s\left(L_{\mathrm{eq,x}} + L_{\mathrm{m,x}}\right)$,

$k_{22} = R_{\mathrm{sec1,x}} + R_{\mathrm{load1,x}} + s\left(L_{\mathrm{sec1,x}} + L_{\mathrm{load1,x}} + L_{\mathrm{m,x}}\right)$,

$k_{33} = R_{\mathrm{sec2,x}} + R_{\mathrm{load2,x}} + s\left(L_{\mathrm{sec2,x}} + L_{\mathrm{load2,x}} + L_{\mathrm{m,x}}\right)$,

$k_{44} = R_{\text{sec3},x} + R_{\text{load3},x} + s\left(L_{\text{sec3},x} + L_{\text{load3},x} + L_{\text{m},x}\right)$,

$k_{55} = R_{\text{sec1},x} + R_{\text{load1},x} + R_{\text{tap1},x} + s\left(L_{\text{sec1},x} + L_{\text{load1},x} + L_{\text{tap1},x}\right)$,

$k_{66} = R_{\text{sec2},x} + R_{\text{load2},x} + R_{\text{tap2},x} + s\left(L_{\text{sec2},x} + L_{\text{load2},x} + L_{\text{tap2},x}\right)$,

$k_{77} = R_{\text{sec3},x} + R_{\text{load3},x} + R_{\text{tap3},x} + s\left(L_{\text{sec3},x} + L_{\text{load3},x} + L_{\text{tap3},x}\right)$,

$k_{12} = k_{21} = k_{13} = k_{31} = k_{14} = k_{41} = -sL_{\text{m},x}$,

$k_{15} = k_{51} = k_{16} = k_{61} = k_{17} = k_{71} = k_{26} = k_{62} = k_{27} = k_{72} = k_{35} = k_{53} = k_{37} = k_{73} = k_{45} = k_{54} = k_{46} = k_{64} = k_{56} = k_{65} = k_{57} = k_{75} = k_{67} = k_{76} = 0$,

$k_{23} = k_{32} = k_{24} = k_{42} = k_{34} = k_{43} = sL_{\text{m},x}$,

$k_{25} = k_{52} = -\left[R_{\text{sec1},x} + R_{\text{load1},x} + s\left(L_{\text{sec1},x} + L_{\text{load1},x}\right)\right]$,

$k_{36} = k_{63} = -\left[R_{\text{sec2},x} + R_{\text{load2},x} + s\left(L_{\text{sec2},x} + L_{\text{load2},x}\right)\right]$,

$k_{47} = k_{74} = -\left[R_{\text{sec3},x} + R_{\text{load3},x} + s\left(L_{\text{sec3},x} + L_{\text{load3},x}\right)\right]$.

附 录 B

B-1 修改的 IEEE 54 机 118 节点系统解析计算与仿真结果比较（见表 B-1、表 B-2 和图 B-1）

表 B-1 工作于场景 1 和 2 时解析计算与仿真结果比较

参 数		解析计算结果			仿 真 结 果		
		P_{rec}/p. u.	Q_{rec}/p. u.	V_{cR}/p. u.	P_{rec}/p. u.	Q_{rec}/p. u.	V_{cR}/p. u.
场景 1	20-119	0.2867	−0.0459	—	0.2862	−0.0455	—
	44-120	0.3251	0.0035	—	0.3256	0.0039	—
	94-121	−0.4111	−0.1205	—	−0.4107	−0.1201	—
场景 2	20-119	0.3485	−0.0678	0.0721∠106.078°	0.3494	−0.0673	0.0721∠106.08°
	44-120	0.4568	−0.0611	0.140∠81.775°	0.4574	−0.0620	0.140∠81.78°
	94-121	0.4002	0.0836	0.1744∠87.750°	0.4010	0.0840	0.1744∠87.75°

表 B-2　工作于场景 3~6 时解析计算与仿真结果比较

参数		解析计算结果 V_{send}/p.u.	V_{rec}/p.u.	V_{cR}/p.u.	仿真结果 V_{send}/p.u.	V_{rec}/p.u.	V_{cR}/p.u.
场景 1	20-119	—	$0.9566\angle12.154°$	—	—	$0.9563\angle12.150°$	—
	44-120	—	$0.9663\angle14.164°$	—	—	$0.9660\angle14.158°$	—
	94-121	—	$0.9884\angle28.675°$	—	—	$0.9880\angle28.675°$	—
场景 3	20-119	$0.9424\angle12.107°$	$1.0011\angle12.01°$	$0.0755\angle173.409°$	$0.9413\angle12.058°$	$1.0034\angle12.122°$	$0.0755\angle173.410°$
	44-120	$0.8428\angle15.135°$	$1.0067\angle14.183°$	$0.1852\angle182.678°$	$0.8436\angle15.139°$	$1.0061\angle14.221°$	$0.1852\angle182.680°$
	94-121	$0.9841\angle28.622°$	$1.0175\angle14.585°$	$0.07\angle-120°$	$0.9849\angle28.712°$	$1.0180\angle14.631°$	$0.07\angle-120°$
场景 4	20-119	$0.9716\angle12.195°$	$0.9053\angle12.048°$	$0.0781\angle33.670°$	$0.9722\angle12.211°$	$0.9067\angle12.112°$	$0.078\angle33.670°$
	44-120	$1.0485\angle13.551°$	$0.9272\angle14.202°$	$0.140\angle21.786°$	$1.0491\angle13.562°$	$0.9280\angle14.235°$	$0.14\angle21.786°$
	94-121	$0.993\angle28.845°$	$0.9575\angle28.661°$	$0.050\angle0°$	$0.9938\angle28.890°$	$0.9583\angle28.845°$	$0.05\angle0°$
场景 5	20-119	$0.9588\angle10.162°$	$0.9599\angle13.718°$	$0.0436\angle-83.275°$	$0.9565\angle10.212°$	$0.9612\angle13.735°$	$0.0436\angle-83.280°$
	44-120	$0.9778\angle6.066°$	$0.9675\angle17.69°$	$0.19\angle-73.17°$	$0.9783\angle6.15°$	$0.9681\angle17.78°$	$0.19\angle-73.170°$
	94-121	$0.9877\angle27.872°$	$0.9861\angle30.905°$	$0.11\angle-60°$	$0.9884\angle27.872°$	$0.9878\angle31.035°$	$0.11\angle-60°$
场景 6	20-119	$0.9562\angle12.339°$	$0.9619\angle11.635°$	$0.0361\angle112.351°$	$0.9574\angle12.423°$	$0.9622\angle11.692°$	$0.0361\angle112.350°$
	44-120	$0.9687\angle13.823°$	$0.9678\angle14.343°$	$0.0173\angle90°$	$0.9692\angle13.915°$	$0.9681\angle14.456°$	$0.0173\angle90°$
	94-121	$0.9871\angle29.419°$	$0.9803\angle26.807°$	$0.0346\angle120°$	$0.9878\angle29.521°$	$0.9810\angle26.954°$	$0.0346\angle120°$

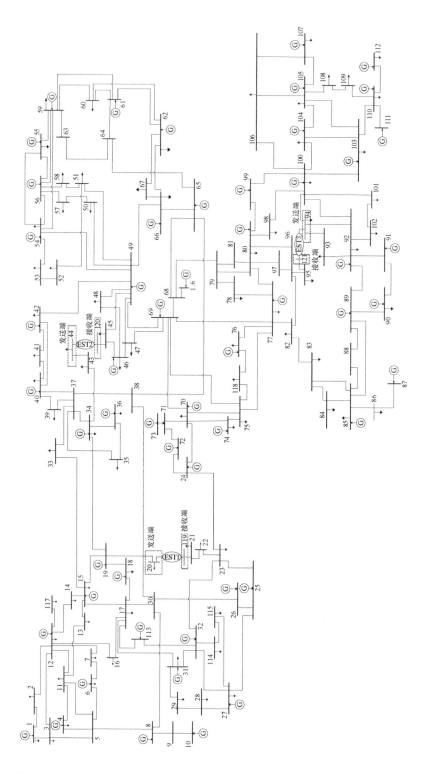

图 B-1　含 EST 修改的 IEEE 54 机 118 节点系统

B-2　扩展型 SEN Transformer 的相分量模型推导

支路阻抗矩阵式（9-5）的具体值：

$$\begin{cases} Z_{sB\_A} = Z_{BA} \\ Z_{sB\_B} = Z_{BB} \\ Z_{sB\_C} = Z_{BC} \end{cases} \qquad \begin{cases} Z_{sC\_A} = Z_{CA} \\ Z_{sC\_B} = Z_{CB} \\ Z_{sC\_C} = Z_{CC} \end{cases}$$

$$\begin{cases} Z_{sB\_a} = Z_{Ba1} + Z_{Bb1} + Z_{Bc1} \\ Z_{sB\_b} = Z_{Ba2} + Z_{Bb2} + Z_{Bc2} \\ Z_{sB\_c} = Z_{Ba3} + Z_{Bb3} + Z_{Bc3} \end{cases} \qquad \begin{cases} Z_{sC\_a} = Z_{Ca1} + Z_{Cb1} + Z_{Cc1} \\ Z_{sC\_b} = Z_{Ca2} + Z_{Cb2} + Z_{Cc2} \\ Z_{sC\_c} = Z_{Ca3} + Z_{Cb3} + Z_{Cc3} \end{cases}$$

$$\begin{cases} Z_{s'b\_A} = Z_{a2A} + Z_{b2A} + Z_{c2A} \\ Z_{s'b\_B} = Z_{a2B} + Z_{b2B} + Z_{c2B} \\ Z_{s'b\_C} = Z_{a2C} + Z_{b2C} + Z_{c2C} \end{cases} \qquad \begin{cases} Z_{s'c\_A} = Z_{a3A} + Z_{b3A} + Z_{c3A} \\ Z_{s'c\_B} = Z_{a3B} + Z_{b3B} + Z_{c3B} \\ Z_{s'c\_C} = Z_{a3C} + Z_{b3C} + Z_{c3C} \end{cases}$$

$$\begin{cases} Z_{s'b\_a} = Z_{a2a1} + Z_{a2b1} + Z_{a2c1} + Z_{b2a1} + Z_{b2b1} + Z_{b2c1} + Z_{c2a1} + Z_{c2b1} + Z_{c2c1} \\ Z_{s'b\_b} = Z_{a2a2} + Z_{a2b2} + Z_{a2c2} + Z_{b2a2} + Z_{b2b2} + Z_{b2c2} + Z_{c2a2} + Z_{c2b2} + Z_{c2c2} \\ Z_{s'b\_c} = Z_{a2a3} + Z_{a2b3} + Z_{a2c3} + Z_{b2a3} + Z_{b2b3} + Z_{b2c3} + Z_{c2a3} + Z_{c2b3} + Z_{c2c3} \end{cases}$$

$$\begin{cases} Z_{s'c\_a} = Z_{a3a1} + Z_{a3b1} + Z_{a3c1} + Z_{b3a1} + Z_{b3b1} + Z_{b3c1} + Z_{c3a1} + Z_{c3b1} + Z_{c3c1} \\ Z_{s'c\_b} = Z_{a3a2} + Z_{a3b2} + Z_{a3c2} + Z_{b3a2} + Z_{b3b2} + Z_{b3c2} + Z_{c3a2} + Z_{c3b2} + Z_{c3c2} \\ Z_{s'c\_c} = Z_{a3a3} + Z_{a3b3} + Z_{a3c3} + Z_{b3a3} + Z_{b3b3} + Z_{b3c3} + Z_{c3a3} + Z_{c3b3} + Z_{c3c3} \end{cases}$$

EST 的等效模型（见图 6-2）的支路阻抗具体值：

$$\begin{cases} G_{sAA} = G_{sA\_A} + G_{s'a\_A} + G_{sA\_a} + G_{s'a\_a} \\ G_{sAB} = G_{sA\_B} + G_{s'a\_B} + G_{sA\_b} + G_{s'a\_b} \\ G_{sAC} = G_{sA\_C} + G_{s'a\_C} + G_{sA\_c} + G_{s'a\_c} \\ G_{sBB} = G_{sB\_B} + G_{s'b\_B} + G_{sB\_b} + G_{s'b\_b} \\ G_{sBC} = G_{sB\_C} + G_{s'b\_C} + G_{sB\_c} + G_{s'b\_c} \\ G_{sCC} = G_{sC\_C} + G_{s'c\_C} + G_{sC\_c} + G_{s'c\_c} \end{cases} \qquad \begin{cases} G_{s'Aa} = -G_{s'a\_a} \\ G_{s'Ab} = -G_{s'a\_b} \\ G_{s'Ac} = -G_{s'a\_c} \\ G_{s'Bb} = -G_{s'b\_b} \\ G_{s'Bc} = -G_{s'b\_c} \\ G_{s'Cc} = -G_{s'c\_c} \end{cases}$$

$$\begin{cases} G_{s'AA} = -G_{sA\_a} - G_{s'a\_a} \\ G_{sAb} = -G_{sA\_b} - G_{s'a\_b} \\ G_{sAc} = -G_{sA\_c} - G_{s'a\_c} \\ G_{sBa} = -G_{sB\_a} - G_{s'b\_a} \\ G_{s'BB} = -G_{sB\_b} - G_{s'b\_b} \\ G_{sBc} = -G_{sB\_c} - G_{s'b\_c} \\ G_{sCa} = -G_{sC\_a} - G_{s'c\_a} \\ G_{sCb} = -G_{sC\_b} - G_{s'c\_b} \\ G_{sCc} = -G_{sC\_c} - G_{s'c\_c} \end{cases}$$

附 录 C

C-1 TCST 和电气系统主要参数设置（见表 C-1）

表 C-1 TCST 和电气系统主要参数设置

系 统 参 数	数 值
基准容量和基准电压	160MW, 138kV
送端线电压标幺值	$1\angle 0°$
受端线电压标幺值	$1\angle -20°$
送端等效电源的串联阻抗	1.0053Ω, 19.17mH
受端等效电源的串联阻抗	0Ω, 0mH
输电线路阻抗	4.8013Ω, 106.59mH
TCST 一次侧漏抗	0.25mH
TCST 二次侧漏抗	0.08mH
励磁绕组铁心长度/m	7.18
励磁绕组铁心横截面积/m^2	0.454
励磁绕组铁轭长度/m	2.66
励磁绕组铁轭横截面积/m^2	0.454
串联绕组铁心长度/m	3.59
串联绕组铁心横截面积/m^2	0.454
串联绕组铁轭长度/m	2.66
串联绕组铁轭横截面积/m^2	0.454
励磁绕组一次侧匝数	64
励磁绕组二次侧匝数	52
串联绕组一次侧匝数	36
串联绕组二次侧匝数	18
TCST 分接头数	17
TCST 分接头调压档位/步长标幺值	0.05
TCST 分接头最高档位标幺值	0.8

C-2　励磁变压器等效磁路节点关联矩阵

对于励磁变压器有

$$Z_E = \begin{pmatrix} Z_{1\text{-}1} & Z_{1\text{-}2} & Z_{1\text{-}3} & Z_{1\text{-}4}+Z_{1\text{-}5}+Z_{1\text{-}6} & Z_{1\text{-}7}+Z_{1\text{-}8}+Z_{1\text{-}9} & Z_{1\text{-}10}+Z_{1\text{-}11}+Z_{1\text{-}12} \\ Z_{2\text{-}1} & Z_{2\text{-}2} & Z_{2\text{-}3} & Z_{2\text{-}4}+Z_{2\text{-}5}+Z_{2\text{-}6} & Z_{2\text{-}7}+Z_{2\text{-}8}+Z_{2\text{-}9} & Z_{2\text{-}10}+Z_{2\text{-}11}+Z_{2\text{-}12} \\ Z_{3\text{-}1} & Z_{3\text{-}2} & Z_{3\text{-}3} & Z_{3\text{-}4}+Z_{3\text{-}5}+Z_{3\text{-}6} & Z_{3\text{-}7}+Z_{3\text{-}8}+Z_{3\text{-}9} & Z_{3\text{-}10}+Z_{3\text{-}11}+Z_{3\text{-}12} \\ Z_{4\text{-}1} & Z_{4\text{-}2} & Z_{4\text{-}3} & Z_{4\text{-}4}+Z_{4\text{-}5}+Z_{4\text{-}6} & Z_{4\text{-}7}+Z_{4\text{-}8}+Z_{4\text{-}9} & Z_{4\text{-}10}+Z_{4\text{-}11}+Z_{4\text{-}12} \\ Z_{5\text{-}1} & Z_{5\text{-}2} & Z_{5\text{-}3} & Z_{5\text{-}4}+Z_{5\text{-}5}+Z_{5\text{-}6} & Z_{5\text{-}7}+Z_{5\text{-}8}+Z_{5\text{-}9} & Z_{5\text{-}10}+Z_{5\text{-}11}+Z_{5\text{-}12} \\ Z_{6\text{-}1} & Z_{6\text{-}2} & Z_{6\text{-}3} & Z_{6\text{-}4}+Z_{6\text{-}5}+Z_{6\text{-}6} & Z_{6\text{-}7}+Z_{6\text{-}8}+Z_{6\text{-}9} & Z_{6\text{-}10}+Z_{6\text{-}11}+Z_{6\text{-}12} \end{pmatrix}$$

励磁变压器等效磁路节点关联矩阵：

$$A_E^T = \begin{bmatrix} 1 & 0 & 0 & -1 & 0 & 0 & 0 & 0 & 0 & 0 & 0 & 0 \\ 0 & -1 & 0 & 0 & 1 & 0 & 0 & 0 & 0 & 0 & 0 & 0 \\ 0 & 0 & 1 & 0 & 0 & -1 & 0 & 0 & 0 & 0 & 0 & 0 \\ 0 & 0 & 0 & 1 & 0 & 0 & -1 & 0 & 0 & 0 & 0 & 0 \\ 0 & 0 & 0 & 0 & -1 & 0 & 0 & 1 & 0 & 0 & 0 & 0 \\ 0 & 0 & 0 & 0 & 0 & 1 & 0 & 0 & -1 & 0 & 0 & 0 \\ 0 & 0 & 0 & 0 & 0 & 0 & 1 & 0 & 0 & -1 & 0 & 0 \\ 0 & 0 & 0 & 0 & 0 & 0 & 0 & -1 & 0 & 0 & 1 & 0 \\ 0 & 0 & 0 & 0 & 0 & 0 & 0 & 0 & 1 & 0 & 0 & -1 \\ 0 & 0 & 0 & 0 & 0 & 0 & 0 & 0 & 0 & 1 & 0 & 0 \\ 0 & 0 & 0 & 0 & 0 & 0 & 0 & 0 & 0 & 0 & -1 & 0 \\ 0 & 0 & 0 & 0 & 0 & 0 & 0 & 0 & 0 & 0 & 0 & 1 \\ -1 & 1 & 0 & 0 & 0 & 0 & 0 & 0 & 0 & 0 & 0 & 0 \\ 0 & 1 & -1 & 0 & 0 & 0 & 0 & 0 & 0 & 0 & 0 & 0 \\ -1 & 0 & 0 & 0 & 0 & 0 & 0 & 0 & 0 & 0 & 0 & 0 \\ 0 & -1 & 0 & 0 & 0 & 0 & 0 & 0 & 0 & 0 & 0 & 0 \\ 0 & 0 & -1 & 0 & 0 & 0 & 0 & 0 & 0 & 0 & 0 & 0 \\ -1 & 0 & 0 & 1 & 0 & 0 & 0 & 0 & 0 & 0 & 0 & 0 \\ 0 & -1 & 0 & 0 & 1 & 0 & 0 & 0 & 0 & 0 & 0 & 0 \\ 0 & 0 & -1 & 0 & 0 & 1 & 0 & 0 & 0 & 0 & 0 & 0 \\ 0 & 0 & 0 & -1 & 0 & 0 & 1 & 0 & 0 & 0 & 0 & 0 \\ 0 & 0 & 0 & 0 & -1 & 0 & 0 & 1 & 0 & 0 & 0 & 0 \\ 0 & 0 & 0 & 0 & 0 & -1 & 0 & 0 & 1 & 0 & 0 & 0 \\ 0 & 0 & 0 & 0 & 0 & 0 & -1 & 0 & 0 & 1 & 0 & 0 \\ 0 & 0 & 0 & 0 & 0 & 0 & 0 & -1 & 0 & 0 & 1 & 0 \\ 0 & 0 & 0 & 0 & 0 & 0 & 0 & 0 & -1 & 0 & 0 & 1 \\ 0 & 0 & 0 & 0 & 0 & 0 & 0 & 0 & 0 & -1 & 0 & 0 \\ 0 & 0 & 0 & 0 & 0 & 0 & 0 & 0 & 0 & 0 & -1 & 0 \\ 0 & 0 & 0 & 0 & 0 & 0 & 0 & 0 & 0 & 0 & 0 & -1 \end{bmatrix}^T$$

附 录 D

D-1 ST 的电气连接图（见图 D-1）

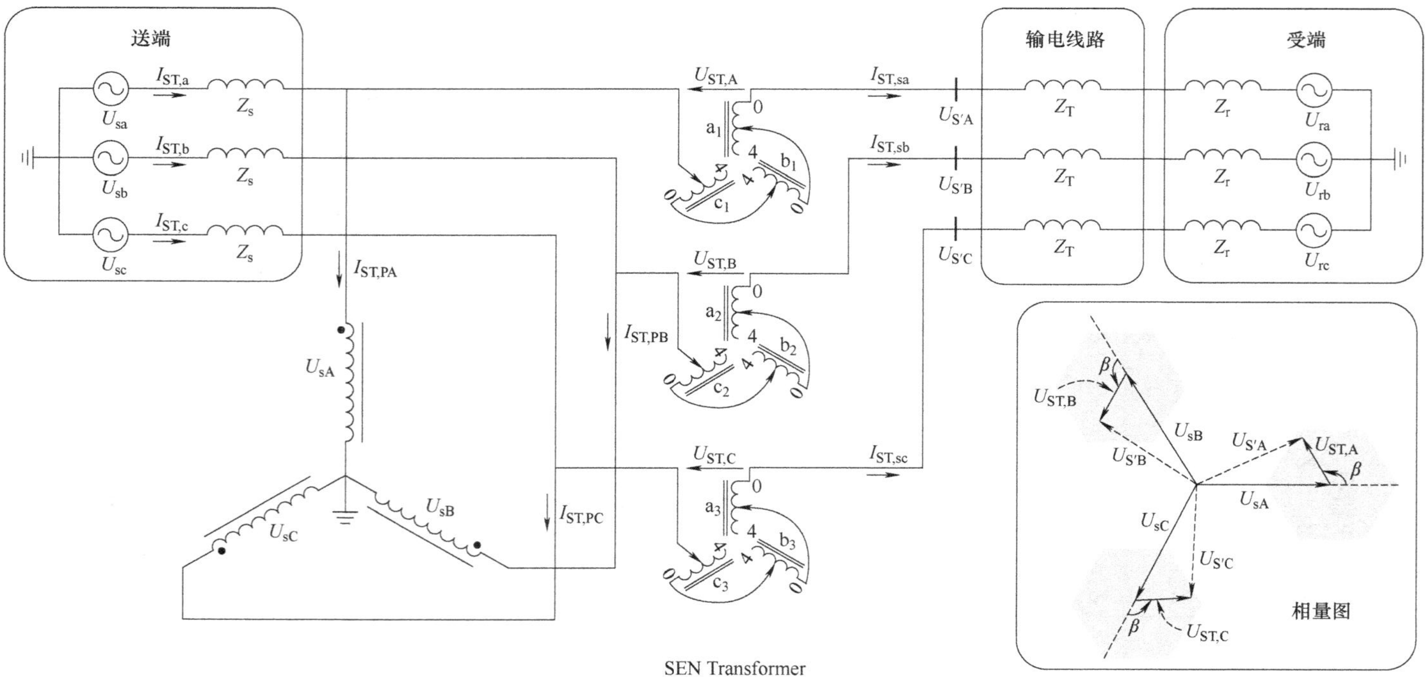

图 D-1 ST 的电气连接图

D-2　三相五柱式 ST 基本电磁关系的等效电路模型（见图 D-2）

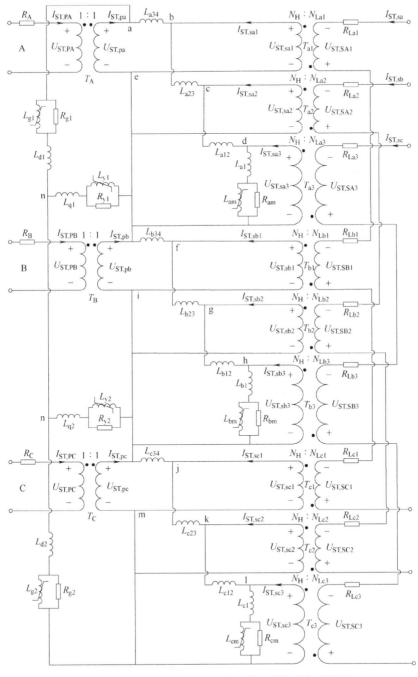

图 D-2　三相五柱式 ST 基本电磁关系的等效电路模型

D-3　三相五柱式 ST 一次侧并联 A、B、C 三相等效电路（见图 D-3）

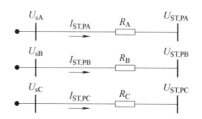

图 D-3　三相五柱式 ST 一次侧并联 A、B、C 三相等效电路

D-4　三相五柱式 ST 二次侧串联 A、B、C 三相等效电路（见图 D-4）

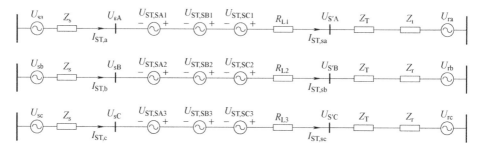

图 D-4　三相五柱式 ST 二次侧串联 A、B、C 三相等效电路

D-5　短路故障时仿真与解析电流（见图 D-5）

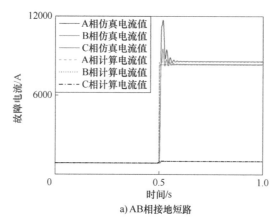

a）AB 相接地短路

图 D-5　短路故障时仿真与解析电流

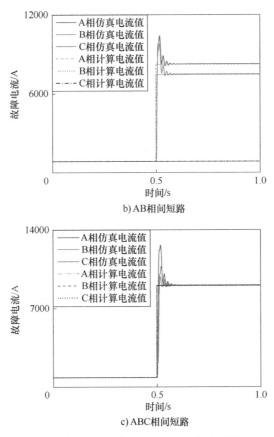

b) AB相间短路

c) ABC相间短路

图 D-5　短路故障时仿真与解析电流（续）

附　录　E

E-1　式（3-1）中导纳矩阵的元素

式（3-1）中导纳矩阵的元素如下

$$y_{1,1} = \frac{1}{j\omega L_{a34}} + \frac{1}{\dfrac{j\omega R_{g1} L_{g1}}{R_{g1} + j\omega L_{g1}} + j\omega L_{d1}}$$

$$y_{1,2} = y_{2,1} = -\frac{1}{j\omega L_{a34}}, \quad y_{2,2} = \frac{1}{j\omega L_{a34}} + \frac{1}{j\omega L_{a23}}$$

$$y_{2,3} = y_{3,2} = -\frac{1}{j\omega L_{a23}}, \quad y_{3,3} = \frac{1}{j\omega L_{a23}} + \frac{1}{j\omega L_{a12}}$$

$$y_{3,4} = y_{4,3} = -\frac{1}{j\omega L_{a12}}, \quad y_{4,4} = \frac{1}{j\omega L_{a12}} + \frac{1}{\dfrac{j\omega R_{am}L_{am}}{R_{am}+j\omega L_{am}} + j\omega L_{a1}}$$

$$y_{4,5} = y_{5,4} = -\frac{1}{\dfrac{j\omega R_{am}L_{am}}{R_{am}+j\omega L_{am}} + j\omega L_{a1}}$$

$$y_{5,5} = \frac{1}{j\omega L_{b34}} + \frac{1}{\dfrac{j\omega R_{y1}L_{y1}}{R_{y1}+j\omega L_{y1}} + j\omega L_{q1}} + \frac{1}{\dfrac{j\omega R_{am}L_{am}}{R_{am}+j\omega L_{am}} + j\omega L_{a1}}$$

$$y_{5,6} = y_{6,5} = -\frac{1}{j\omega L_{b34}}, \quad y_{6,6} = \frac{1}{j\omega L_{b23}} + \frac{1}{j\omega L_{b34}}$$

$$y_{6,7} = y_{7,6} = -\frac{1}{j\omega L_{b23}}, \quad y_{7,7} = \frac{1}{j\omega L_{b23}} + \frac{1}{j\omega L_{b12}}$$

$$y_{7,8} = y_{8,7} = -\frac{1}{j\omega L_{b12}}, \quad y_{8,8} = \frac{1}{j\omega L_{b12}} + \frac{1}{\dfrac{j\omega R_{bm}L_{bm}}{R_{bm}+j\omega L_{bm}} + j\omega L_{b1}}$$

$$y_{8,9} = y_{9,8} = -\frac{1}{\dfrac{j\omega R_{bm}L_{bm}}{R_{bm}+j\omega L_{bm}} + j\omega L_{b1}}$$

$$y_{9,9} = \frac{1}{j\omega L_{c34}} + \frac{1}{\dfrac{j\omega R_{bm}L_{bm}}{R_{bm}+j\omega L_{bm}} + j\omega L_{b1}} + \frac{1}{\dfrac{j\omega R_{y2}L_{y2}}{R_{y2}+j\omega L_{y2}} + j\omega L_{q2}}$$

$$y_{9,10} = y_{10,9} = -\frac{1}{j\omega L_{c34}}, \quad y_{10,10} = \frac{1}{j\omega L_{c23}} + \frac{1}{j\omega L_{c34}}$$

$$y_{10,11} = y_{11,10} = -\frac{1}{j\omega L_{c23}}, \quad y_{11,11} = \frac{1}{j\omega L_{c23}} + \frac{1}{j\omega L_{c12}}$$

$$y_{11,12} = y_{12,11} = -\frac{1}{j\omega L_{c12}}, \quad y_{12,12} = \frac{1}{j\omega L_{c12}} + \frac{1}{\dfrac{j\omega R_{cm}L_{cm}}{R_{cm}+j\omega L_{cm}} + j\omega L_{c1}}$$

$$y_{12,13} = y_{13,12} = -\frac{1}{\dfrac{j\omega R_{cm}L_{cm}}{R_{cm}+j\omega L_{cm}} + j\omega L_{c1}}, \quad y_{13,13} = \frac{1}{\dfrac{j\omega R_{cm}L_{cm}}{R_{cm}+j\omega L_{cm}} + j\omega L_{c1}} + \frac{1}{\dfrac{j\omega R_{g2}L_{g2}}{R_{g2}+j\omega L_{g2}} + j\omega L_{d2}}$$

E-2　式（3-2）中电流电压矩阵

式（3-2）中的电流电压矩阵如下

$$I_{ST,P} = [I_{ST,PA}, I_{ST,PB}, I_{ST,PC}]^T$$

$$I_{ST,p} = [I_{ST,pa}, I_{ST,pb}, I_{ST,pc}]^T$$

$$U_{ST,P} = [U_{ST,PA}, U_{ST,PB}, U_{ST,PC}]^T$$

$$U_{ST,p} = [U_{ST,pa}, U_{ST,pb}, U_{ST,pc}]^T$$

E-3　式（3-3）中对角矩阵以及电流电压矩阵的元素

式（3-3）中对角矩阵以及电流电压矩阵的元素如下

$$K = \mathrm{diag}[k_1, k_2, k_3, k_4, k_5, k_6, k_7, k_8, k_9]$$

$$I_{ST,S} = [I_{ST,sa}, I_{ST,sa}, I_{ST,sa}, I_{ST,sb}, I_{ST,sb}, I_{ST,sb}, I_{ST,sc}, I_{ST,sc}, I_{ST,sc}]^T$$

$$I_{ST,s} = [I_{ST,sa1}, I_{ST,sb1}, I_{ST,sc1}, I_{ST,sa2}, I_{ST,sb2}, I_{ST,sc2}, I_{ST,sa3}, I_{ST,sb3}, I_{ST,sc3}]^T$$

$$U_{ST,S} = [U_{ST,SA1}, U_{ST,SB1}, U_{ST,SC1}, U_{ST,SA2}, U_{ST,SB2}, U_{ST,SC2}, U_{ST,SA3}, U_{ST,SB3},$$
$$U_{ST,SC3}]^T$$

$$U_{ST,s} = [U_{ST,sa1}, U_{ST,sb1}, U_{ST,sc1}, U_{ST,sa2}, U_{ST,sb2}, U_{ST,sc2}, U_{ST,sa3}, U_{ST,sb3}, U_{ST,sc3}]^T$$

式（3-3）中对角矩阵 K 的元素如下

$$k_1 = \frac{N_{La1}}{N_H}, \quad k_2 = \frac{N_{Lb1}}{N_H}, \quad k_3 = \frac{N_{Lc1}}{N_H}, \quad k_4 = \frac{N_{La2}}{N_H} \quad k_5 = \frac{N_{Lb2}}{N_H}, \quad k_6 = \frac{N_{Lc2}}{N_H}, \quad k_7 = \frac{N_{La3}}{N_H}, \quad k_8 = \frac{N_{Lb3}}{N_H}$$

$$k_9 = \frac{N_{Lc3}}{N_H}$$

附　录　F

F-1　外接电气系统参数（见表 F-1）

表 F-1　外接电气系统参数

系　统　参　数	数　　值
基本容量和基本电压	160MVA，138kV
送端线电压标幺值	1∠0° p. u.
受端线电压标幺值	1∠-20° p. u.
送端等效电源的串联阻抗	1.0053Ω，19.17mH
受端等效电源的串联阻抗	0Ω，0mH
输电线路阻抗	3.0159Ω，59.19mH

F-2 三相五柱式 ST 结构参数（见表 F-2）

表 F-2 三相五柱式 ST 结构参数

系 统 参 数	数　值
铁心/旁柱长度	7.18m
铁心/铁轭横截面积	0.454m^2
铁轭长度	2.66m
旁轭长度	1.33m
绕组间的漏感 $L_{f12}/L_{f23}/L_{f34}(f=a,b,c)$	1.1019mH/0.8629mH/0.6785mH
空气中的漏感 L_{d1}，L_{d2}/L_{q1}，L_{q2}/L_{a1}，L_{b1}，L_{c1}	32.2mH/95.26mH/3.136mH
饱和电感 L_{am}，L_{bm}，L_{cm}/L_{y1}，L_{y2}/L_{g1}，L_{g2}	81.92H/40.96H/122.88H
铁心损耗的电阻 R_{am}，R_{bm}，R_{cm}/R_{y1}，R_{y2}/R_{g1}，R_{g2}	245.76kΩ/122.88kΩ/368.64kΩ
ST 的电阻和电抗	1.7854Ω，47.4mH
ST 一次侧/二次侧匝数	64/26
ST 分接头数	4
ST 分接头调压档位/步长	0.1p.u.
ST 分接头最高档位	0.4p.u.
分接头动作时间/档	1s/step

参 考 文 献

［1］ 康重庆，姚良忠. 高比例可再生能源电力系统的关键科学问题与理论研究框架［J］. 电力系统自动化，2017，41（09）：2-11.

［2］ 别朝红，林超凡，李更丰，等. 能源转型下弹性电力系统的发展与展望［J］. 中国电机工程学报，2020，40（09）：2735-2745.

［3］ 黎博，陈民铀，钟海旺，等. 高比例可再生能源新型电力系统长期规划综述［J］. 中国电机工程学报，2022：1-27.

［4］ 黄雨涵，丁涛，李雨婷，等. 碳中和背景下能源低碳化技术综述及对新型电力系统发展的启示［J］. 中国电机工程学报，2021，41（S1）：28-51.

［5］ 国家能源. 国家能源局 2022 年一季度网上新闻发布会文字实录［EB/OL］.（2022-01-28）［2022-03-16］. http://www.nea.gov.cn/2022-01/28/c_1310445390.htm.

［6］ 鲁宗相，黄瀚，单葆国，等. 高比例可再生能源电力系统结构形态演化及电力预测展望［J］. 电力系统自动化，2017，41（09）：12-18.

［7］ 丁剑，方晓松，宋云亭，等. 碳中和背景下西部新能源传输的电氢综合能源网构想［J］. 电力系统自动化，2021，45（24）：1-9.

［8］ 文云峰，杨伟峰，汪荣华，等. 构建 100% 可再生能源电力系统述评与展望［J］. 中国电机工程学报，2020，40（06）：1843-1856.

［9］ HINGORANI N G. FACTS Technology-State of the Art，Current Challenges and the Future Prospects［A］. IEEE，2007：1-4.

［10］ HINGORANI N G. Role of FACTS in a deregulated market［C］. Power Engineering Society Summer Meeting，Seattle，WA，USA，2000，3：1463-1467.

［11］ HINGORANI N G，GYUGYI L，EL-HAWARY M. Understanding FACTS：concepts and technology of flexible AC transmission systems［M］. New York：IEEE press，2000.

［12］ ZHANG Y K，ZHANG Y，CHEN C. A Novel Power Injection Model of IPFC for Power Flow Analysis Inclusive of Practical Constraints［J］. IEEE Transactions on Power Systems，2006，21（04）：1550-1556.

［13］ JIANG X，CHOW J H，EDRIS A A，et al. Transfer Path Stability Enhancement by Voltage-Sourced Converter-Based FACTS Controllers［J］. IEEE Transactions on Power Delivery，2010，25（02）：1019-1025.

［14］ 谢伟，崔勇，冯煜尧，等. 上海电网 220 kV 统一潮流控制装置示范工程应用效果分析［J］. 电力系统保护与控制，2018，46（06）：136-142.

［15］ SEN K K，SEN M L. Introducing the family of "Sen" transformers：A set of power flow controlling transformers［J］. IEEE Transactions on Power Delivery，2003，18（01）：149-157.

［16］ SEN K K, SEN M L. Comparison of the "Sen" transformer with the unified power flow control-ler［J］. IEEE Transactions on Power Delivery, 2003, 18（04）: 1523-1533.

［17］ SEN K K, SEN M L. Introduction to FACTS controllers: theory, modeling, and applications［M］. New York: Wiley-IEEE press, 2009.

［18］ IMDADULLAH, AMRR S M, ASGHAR M S J, et al. A Comprehensive Review of Power Flow Controllers in Interconnected Power System Networks［J］. IEEE Access, 2020, 8: 18036-18063.

［19］ 杨旗, 班国邦, 谢百明, 等. 移相变压器应用于输电线路在线融冰方法与仿真研究［J］. 电网技术, 2021, 45（08）: 3349-3355.

［20］ 谭振龙, 张春朋, 姜齐荣, 等. 旋转潮流控制器与统一潮流控制器和 Sen Transformer 的对比［J］. 电网技术, 2016, 40（03）: 868-874.

［21］ 陈柏超, 曾永胜, 刘俊博, 等. 基于 Sen Transformer 的新型统一潮流控制器的仿真与实验［J］. 电工技术学报, 2012, 27（03）: 233-238.

［22］ 姚斋, 邱昊, 陈柏超, 等. 一种新型统一潮流控制器［J］. 电力系统自动化, 2008（16）: 78-82.

［23］ 余梦泽, 李俭, 刘雷, 等. 电磁混合式统一潮流控制器的拓扑结构与控制策略优化［J］. 电工技术学报, 2015, 30（S2）: 169-175.

［24］ 陈柏超, 费雯丽, 田翠华, 等. 新型混合式统一潮流控制器及其调节特性分析［J］. 高电压技术, 2017, 43（10）: 3256-3264.

［25］ CHEN B C, FEI W L, TIAN C H, et al. Research on an Improved Hybrid Unified Power Flow Controller［J］. IEEE Transactions on Industry Applications, 2018, 54（06）: 5649-5660.

［26］ MOHAMED S E G, JASNI J, RADZI M A M, et al. Power transistor-assisted Sen Transform-er: a novel approach to power flow control［J］. Electric Power Systems Research, 2016, 133: 228-240.

［27］ BEHERA T, DIPANKAR D. Enhanced operation of 'Sen' transformer with improved operating point density/area for power flow control［J］. IET Generation, Transmission & Distribution, 2019, 13（14）: 3158-3168.

［28］ DIKSHA K, CHATTOPADHYAY S K, VERMA A. Improvement of Power Flow Capability By Using An Alternative Power Flow Controller［J］. IEEE Transactions on Power Delivery, 2020, 35（05）: 2353-2362.

［29］ 韩松, 荣娜, 许逐. 变压器副边绕组反相的少级数特征潮流控制装置与方法: 201510330860.6［P］. 2016-01-20.

［30］ 韩松, 荣娜. 特种变压器型潮流控制装置的多级数分接头控制方法: 201510431561.1［P］. 2016-01-20.

［31］ YUAN J, LIU L, FEI W, et al. Hybrid electromagnetic unified power flow controller: A novel flexible and effective approach to control power flow［J］. IEEE Transactions on Power Delivery, 2016, 33（05）: 2061-2069.

［32］ CHEN B, FEI W, TIAN C, et al. A High-Voltage "Sen" Transformer: Configuration, Principles, and Applications ［J］. Energies, 2018, 11 (04): 918.

［33］ 陈柏超, 费雯丽, 田翠华, 等. 新型混合式统一潮流控制器及其调节特性分析 ［J］. 高电压技术, 2017, 43 (10): 3256-3264.

［34］ MOHAMED S E G, JASNI J, Radzi M A M, et al. Power transistor-assisted Sen Transformer: A novel approach to power flow control ［J］. Electric Power Systems Research, 2016, 133: 228-240.

［35］ LAILYPOUR C, FARSADI M. A new structure for "Sen" transformer using three winding linear transformer ［C］//2016 21st Conference on Electrical Power Distribution Networks Conference (EPDC). IEEE, 2016: 5-10.

［36］ 袁佳歆, 阎山, 殷洪顺, 等. 适用于配电网多线路的快速电磁式 Sen 变压器 ［J］. 高电压技术, 2021, 47 (02): 564-573.

［37］ FARUQUE M O, DINAVAHI V. A Tap-Changing Algorithm for the Implementation of "Sen" Transformer ［J］. IEEE Transactions on Power Delivery, 2007, 22 (03): 1750-1757.

［38］ DONALD F, GARCIA J C, GOKARAJU R, et al. EMT Model of the 'Sen Transformer' for Fault Analysis Studies ［C］. Cavtat, Croatia, 2015.

［39］ ASGHARI B, FARUQUE M O, DINAVAHI V. Detailed Real-Time Transient Modelof the "Sen" Transformer ［J］. IEEE Transactions on Power Delivery, 2008, 23 (03): 1513-1521.

［40］ LIU J D, DINAVAHI V. Nonlinear Magnetic Equivalent Circuit-Based Real-Time Sen Transformer Electromagnetic Transient Model on FPGA for HIL Emulation ［J］. IEEE Transactions on Power Delivery, 2016, 31 (06): 2483-2493.

［41］ PAN Y H, HAN S, FENG J L, et al. An analytical electromagnetic model of "Sen" transformer with multi-winding coupling ［J］. International Journal of Electrical Power and Energy Systems, 2020, 120: 106033.

［42］ KUMAR A, SEKHAR C. Comparison of Sen Transformer and UPFC for congestion management in hybrid electricity markets ［J］. International Journal of Electrical Power & Energy Systems, 2013, 47: 295-304.

［43］ KUMAR A, KUMAR J. Comparison of UPFC and SEN Transformer for ATC enhancement in restructured electricity markets ［J］. International Journal of Electrical Power & Energy Systems, 2012, 41 (01): 96-104.

［44］ MOHAMED S E G, JASNI J, RADZI M A M, et al. Implementation of the power transistor-assisted Sen transformer in steady-state load flow analysis ［J］. IET Generation, Transmission & Distribution, 2018, 12 (18): 4182-4193.

［45］ HRAÏECH A E, BEN-KILANI K, ELLEUCH M. Control of parallel EHV interconnection lines using Phase Shifting Transformers ［C］. 2014 IEEE 11th International Multi-Conference on Systems, Signals & Devices (SSD14). IEEE, 2014: 1-7.

［46］ 宋冬冬, 程林, 林志法, 等. 有载分接开关中电力电子技术应用综述 ［J］. 电工电能新

技术，2017，36（08）：45-55.

［47］蔡长伟，杜宏远，王磊. 电子有载分接开关的研制［J］. 内蒙古电力技术，2006（04）：42-43.

［48］FAIZ J, SIAHKOLAH B. Differences Between Conventional and Electronic Tap-Changers and Modifications of Controller［J］. IEEE Transactions on Power Delivery, 2006, 21（03）：1342-1349.

［49］GOMEZ EXPOSITO A, MONROY BERJILLOS D. Solid-State Tap Changers: New Configurations and Applications［J］. IEEE Transactions on Power Delivery, 2007, 22（04）：2228-2235.

［50］FAIZ J, SIAHKOLAH B. Implementation of a Low-power Electronic Tap-changer in Transformers［J］. IET Electric Power Applications, 2008, 2（06）：362-373.

［51］FAIZ J, SIAHKOLAH B. Electronic Tap-changer for Distribution Transformers［M］. Berlin: Springer-Verlag, 2011.

［52］DE OLIVEIRA QUEVEDO J, CAZAKEVICIUS F E, BELTRAME R C, et al. Analysis and Design of an Electronic On-Load Tap Changer Distribution Transformer for Automatic Voltage Regulation［J］. IEEE Transactions on Industrial Electronics, 2017, 64（01）：883-894.

［53］POPOV M. General Approach for Accurate Resonance Analysis in Transformer Windings［J］. Electric Power Systems Research, 2018, 161：45-51.

［54］GHAFOURIAN S M, ARANA I, HOLBOLL J, et al. General Analysis of Vacuum Circuit Breaker Switching Overvoltages in Offshore Wind Farms［J］. IEEE Transactions on Power Delivery, 2016, 31（05）：2351-2359.

［55］CHOKHAWALA R S, SOBHANI S. Switching Voltage Transient Protection Schemes for High-Current IGBT Modules［J］. IEEE Transactions on Industry Applications, 1997, 33（06）：1601-1610.

［56］FAIZ J, JAVIDNIA H. Solid-state on-load transformer tap changer［J］. IEE Proceedings-Electric Power Applications, 1996, 143（06）：481-491.

［57］BAUER P, DE HAAN S W H. Protective Device for Electronic Tap changer for Distribution Transformers: Proc. IEEE Eur. Conf. Power Electron［C］. Trondheim, 1997.

［58］LIU J, DINAVAHI V. Nonlinear Magnetic Equivalent Circuit-Based Real-Time Sen Transformer Electromagnetic Transient Model on FPGA for HIL Emulation［J］. IEEE Transactions on Power Delivery, 2016, 31（06）：2483-2493.

［59］HIROSATO S, YAMAZAKI K, HARAGUCHI Y, et al. Design and Construction Method of an Open-Type Magnetically Shielded Room for MRI Composed of Magnetic Square Cylinders ［J］. IEEE Transactions on Magnetics, 2009, 45（10）：4636-4639.

［60］LIAO C, RUAN J, LIU C, et al. 3-D Coupled Electromagnetic-Fluid-Thermal Analysis of Oil-Immersed Triangular Wound Core Transformer［J］. IEEE Transactions on Magnetics, 2014, 50（11）：1-4.

［61］FARUQUE M O, DINAVAHI V. A Tap-Changing Algorithm for the Implementation of "Sen"

Transformer [J]. IEEE Transactions on Power Delivery, 2007, 22 (03)：1750-1757.

[62] 任兴，杜文娟，王海风. UPFC与系统的强动态交互对机电振荡模式的影响 [J]. 电工技术学报，2018，33 (11)：2520-2534.

[63] CHEN B, FEI W, TIAN C, et al. Research on an Improved Hybrid Unified Power Flow Controller [J]. IEEE Transactions on Industry Applications, 2018, 54 (06)：5649-5660.

[64] GASIM MOHAMED S E, JASNI J, RADZI M A M, et al. Power Transistor-assisted Sen Transformer：A Novel Approach to Power Flow Control [J]. Electric Power Systems Research, 2016, 133：228-240.

[65] 肖湘宁，罗超，廖坤玉. 新能源电力系统次同步振荡问题研究综述 [J]. 电工技术学报，2017，32 (06)：85-97.

[66] LASHKAR ARA A, KAZEMI A, NABAVI NIAKI S A. Multiobjective Optimal Location of FACTS Shunt-Series Controllers for Power System Operation Planning [J]. IEEE Transactions on Power Delivery, 2012, 27 (02)：481-490.

[67] NARAIN G. HINGORANI L G. Understanding FACTS：Concepts and Technology of Flexible AC Transmission Systmes [M]. New York：Wiley-IEEE Press, 2000.

[68] ZHANG X, SHI D, WANG Z, et al. Optimal Allocation of Series FACTS Devices Under High Penetration of Wind Power Within a Market Environment [J]. IEEE Transactions on Power Systems, 2018, 33 (06)：6206-6217.

[69] 荣娜，李泽滔，韩松. 改进的机电振荡模式相对局域性指标及其适应性 [J]. 电力自动化设备，2017，37 (02)：140-144.

[70] BAUER P, DE HAAN S W H. Electronic Tap Changer for 500 kVA/10 kV Distribution Transformers：Design, Experimental Results and Impact in Distribution Networks：Proc. IEEE Ind. Appl. Soc. Conf. [C]. 1998.

[71] FAIZ J, JAVIDNIA H. Solid-state on-load transformer tap changer [J]. IEE Proceedings-Electric Power Applications, 1996, 143 (06)：481-491.

[72] 陈凯龙，宋洁莹，刘欣，等. "Sen"变压器（ST）的稳态等效模型研究 [J]. 电力建设，2020，41 (02)：76-84.

[73] 谭耀燊. 大功率变流器中IGBT保护的设计 [D]. 上海：上海交通大学，2017.

[74] 石磊，刘栋. 交流逆变器中IGBT的驱动与保护 [J]. 东北电力技术，2007 (05)：50-52.

[75] 曾繁玲. IGBT驱动与保护电路的研究 [J]. 可靠性分析与研究，2007 (03)：34-36.

[76] CHANDRA MOULI G R, BAUER P, WIJEKOON T, et al. Design of a Power-Electronic-Assisted OLTC for Grid Voltage Regulation [J]. IEEE Transactions on Power Delivery, 2015, 30 (03)：1086-1095.

[77] 王华昕，蓝元良，汤广福. 限流器晶闸管阀自触发保护动作电压阈值设计 [J]. 高电压技术，2011，37 (07)：1811-1817.

[78] 许斌，汤伟，田宏强，等. 基于差模共模保护模式下的交流电源端口浪涌防护对比分析 [J]. 电瓷避雷器，2018 (02)：83-87.

［79］ MALCOLM N，AGGARWAL R K. The Impact of Multiple Lightning Strokes on the Energy Absorbed by MOV Surge Arresters in Wind Farms during Direct Lightning Strikes ［J］. Renewable Energy，2015，83：1305-1314.

［80］ Mohamed S E G. Power flow control capability of the power transistor-assisted Sen transformer and the unified power flow controller：a close comparison ［J］. IET Generation，Transmission & Distribution，2020，14（15）：3033-3041.

［81］ Mohamed S E G，Jasni J，Radzi M A M，et al. Implementation of the power transistor-assisted Sen transformer in steady-state load flow analysis ［J］. IET Generation，Transmission & Distribution，2018，12（18）：4182-4193.

［82］ 国家发展改革委，国家能源局. 能源发展"十三五"规划（发改能源 ［2016］ 2744 号）［EB/OL］.（2016-12-26）［2017-2-13］. http：//www.ndrc.gov.cn/.

［83］ 舒印彪，张智刚，郭剑波，等. 新能源消纳关键因素分析及解决措施研究 ［J］. 中国电机工程学报，2017，37（01）：1-8.

［84］ 周孝信. 能源转型中我国新一代电力系统技术发展趋势 ［J］. 电气时代，2018（01）：33-35.

［85］ 鞠平，周孝信，陈维江，等."智能电网+"研究综述 ［J］. 电力自动化设备，2018，38（05）：2-11.

［86］ 韩晓言，丁理杰，陈刚，等. 梯级水光蓄互补联合发电关键技术与研究展望 ［J］. 电工技术学报，2020，35（13）：2711-2722.

［87］ VAN HERTEM D，RIMEZ J，BELMANS R. Power Flow Controlling Devices as a Smart and Independent Grid Investment for Flexible Grid Operations：Belgian Case Study ［J］. IEEE Transactions on Smart Grid，2013，4（03）：1656-1664.

［88］ 朱燕梅，陈仕军，马光文，等. 计及发电量和出力波动的水光互补短期调度 ［J］. 电工技术学报，2020，35（13）：2769-2779.

［89］ 陈国平，李明节，许涛，等. 关于新能源发展的技术瓶颈研究 ［J］. 中国电机工程学报，2017，37（01）：20-26.

［90］ 徐政，薛英林，张哲任. 大容量架空线柔性直流输电关键技术及前景展望 ［J］. 中国电机工程学报，2014（29）：5051-5062.

［91］ SEN K K. Analysis of FACTS Controllers and their Transient Modelling Techniques ［M］. Chichester：Wiley，2014：195-247.

［92］ 王铁军，饶翔，姜小弋，等. 用于多重化逆变的移相变压器 ［J］. 电工技术学报，2012，27（06）：32-37.

［93］ 陈柏超，曾永胜，刘俊博，等. 基于 Sen Transformer 的新型统一潮流控制器的仿真与实验 ［J］. 电工技术学报，2012，27（03）：233-238.

［94］ 吴烈鑫，余梦泽，李作红，等. 电磁式统一潮流控制器及其在环网潮流调节中的应用 ［J］. 高电压技术，2018，44（10）：3241-3249.

［95］ 谭振龙，张春朋，姜齐荣，等. 旋转潮流控制器与统一潮流控制器和 Sen Transformer 的对比 ［J］. 电网技术，2016，40（03）：868-874.

［96］姚尧，邱昊，陈柏超，等．一种新型统一潮流控制器［J］．电力系统自动化，2008，32
（16）：78-82.

［97］陈柏超，刘雷，余梦泽，等．电磁混合式潮流控制器本体优化及控制［J］．高电压技
术，2017，43（04）：1086-1094.

［98］ASGHARI B，FARUQUE M O，DINAVAHI V. Detailed Real-Time Transient Model of the
"Sen" Transformer［J］. IEEE Transactions on Power Delivery，2008，23（03）：
1513-1521.

［99］LIU J，DINAVAHI V. Nonlinear Magnetic Equivalent Circuit-Based Real-Time Sen
Transformer Electromagnetic Transient Model on FPGA for HIL Emulation［J］. IEEE Transac-
tions on Power Delivery，2016，31（06）：2483-2493.

［100］LIU J，DINAVAHI V. Detailed Magnetic Equivalent Circuit Based Real-Time Nonlinear
Power Transformer Model on FPGA for Electromagnetic Transient Studies［J］. IEEE Transac-
tions on Industrial Electronics，2016，63（02）：1191-1202.

［101］FENG J，HAN S，PAN Y，et al. Steady-state Modelling of Extended Sen Transformer for
Unified Iterative Power Flow Solution［J］. Electric Power Systems Research，2020，
187：106492.

［102］BEHERA T，DE D. Enhanced Operation of 'Sen' Transformer with Improved Operating
Point Density/Area for Power Flow Control［J］. IET Generation，Transmission &
Distribution，2019，13（14）：3158-3168.

［103］张亚超，刘开培，廖小兵，等．含大规模风电的电力系统多时间尺度源荷协调调度模
型研究［J］．高电压技术，2019，45（02）：600-608.

［104］崔杨，杨志文，张节潭，等．计及综合成本的风电—光伏—光热联合出力调度策略
［J］．高电压技术，2019，45（01）：269-275.

［105］KABOURIS J，KANELLOS F D. Impacts of Large-Scale Wind Penetration on Designing and
Operation of Electric Power Systems［J］. IEEE Transactions on Sustainable Energy，2010，
1（02）：107-114.

［106］陈柏超，田翠华．电磁式特高压统一潮流控制器［J］．高电压技术，2006（12）：
96-98.

［107］皇甫成，魏远航，钟连宏，等．基于对偶性原理的三相多芯柱变压器暂态模型［J］.
中国电机工程学报，2007（03）：83-88.

［108］KROPOSKI B，JOHNSON B，ZHANG Y，et al. Achieving a 100% Renewable Grid：Oper-
ating Electric Power Systems with Extremely High Levels of Variable Renewable Energy［J］.
IEEE Power and Energy Magazine，2017，15（02）：61-73.

［109］DU E，ZHANG N，HODGE B，et al. The Role of Concentrating Solar Power Toward High
Renewable Energy Penetrated Power Systems［J］. IEEE Transactions on Power Systems，
2018，33（06）：6630-6641.

［110］MERABET A，LABIB L，GHIAS A M Y M，et al. Dual-mode Operation based Second-order
Sliding Mode Control for Grid-connected Solar Photovoltaic Energy System［J］. International

Journal of Electrical Power & Energy Systems, 2019, 111: 459-474.

［111］YE L, ZHANG C, TANG Y, et al. Hierarchical Model Predictive Control Strategy Based on Dynamic Active Power Dispatch for Wind Power Cluster Integration ［J］. IEEE Transactions on Power Systems, 2019, 34 (06): 4617-4629.

［112］ADETOKUN B B, MURIITHI C M, OJO J O. Voltage Stability Assessment and Enhancement of Power Grid with Increasing Wind Energy Penetration ［J］. International Journal of Electrical Power & Energy Systems, 2020, 120: 105988.

［113］ZHOU Y, ZHAI Q, ZHOU M, et al. Generation Scheduling of Self-Generation Power Plant in Enterprise Microgrid with Wind Power and Gateway Power Bound Limits ［J］. IEEE Transactions on Sustainable Energy, 2020, 11 (02): 758-770.

［114］RAHBAR K, CHAI C C, ZHANG R. Energy Cooperation Optimization in Microgrids With Renewable Energy Integration ［J］. IEEE Transactions on Smart Grid, 2018, 9 (02): 1482-1493.

［115］SUN J, LI M, ZHANG Z, et al. Renewable Energy Transmission by HVDC Across the Continent: System Challenges and Opportunities ［J］. CSEE Journal of Power and Energy Systems, 2017, 3 (04): 353-364.

［116］ELSAHARTY M A, ROCABERT J, CANDELA J I, et al. Three-Phase Custom Power Active Transformer for Power Flow Control Applications ［J］. IEEE Transactions on Power Electronics, 2019, 34 (03): 2206-2219.

［117］LUO M, DUJIC D, ALLMELING J. Leakage Flux Modeling of Medium-Voltage Phase-Shift Transformers for System-Level Simulations ［J］. IEEE Transactions on Power Electronics, 2019, 34 (03): 2635-2654.

［118］NOROOZIAN M, ANGQUIST L, GHANDHARI M, et al. Use of UPFC for Optimal Power Flow Control ［J］. IEEE Transactions on Power Delivery, 1997, 12 (04): 1629-1634.

［119］SINGH P, TIWARI R. Amalgam Power Flow Controller: A Novel Flexible, Reliable, and Cost-Effective Solution to Control Power Flow ［J］. IEEE Transactions on Power Systems, 2018, 33 (03): 2842-2853.

［120］WANG Z, SHI X, TOLBERT L M, et al. A di/dt Feedback-Based Active Gate Driver for Smart Switching and Fast Overcurrent Protection of IGBT Modules ［J］. IEEE Transactions on Power Electronics, 2014, 29 (07): 3720-3732.

［121］GANDOMAN F H, AHMADI A, SHARAF A M, et al. Review of FACTS technologies and applications for power quality in smart grids with renewable energy systems ［J］. Renewable and Sustainable Energy Reviews, 2018, 82: 502-514.

［122］翟桥柱, 周玉洲, 李轩, 等. 非预期性与全场景可行性: 应对负荷与可再生能源不确定性的现状、挑战与未来 ［J］. 中国电机工程学报, 2020, 40 (20): 6418-6433.

［123］DU Y G, WU J, LI S Y, et al. Distributed MPC for Coordinated Energy Efficiency Utilization in Microgrid Systems ［J］. IEEE Transactions on Smart Grid, 2019, 10 (02): 1781-1790.

［124］ 徐宁. UPFC 在风电系统中的有功优化研究与工程应用设计 ［D］. 杭州：浙江大学, 2018.

［125］ 蔡晖, 祁万春, 黄俊辉, 等. 统一潮流控制器在南京西环网的应用 ［J］. 电力建设, 2015（08）：73-78.

［126］ HINGORANI N G. Role of FACTS in a Deregulated Market ［C］. Seattle, WA, US：2000.

［127］ IMDADULLAH, AMRR S M, JAMIL A M S, et al. A Comprehensive Review of Power Flow Controllers in Interconnected Power System Networks ［J］. IEEE access, 2020, 8：18036-18063.

［128］ KALYAN K S, MEY L S. Applications of FACTS Controllers ［J］. IEEE, 2009：1-12.

［129］ KUMAR A, SEKHAR C. Comparison of Sen Transformer and UPFC for congestion management in hybrid electricity markets ［J］. International Journal of Electrical Power and Energy Systems, 2013, 47（01）：295-304.

［130］ ZANETTA L C, PEREIRA M. Limitation of Line Fault Currents with the UPFC ［C］. Lyon, France：2007.

［131］ SCHAUDER C, STACEY E, LUND M, et al. AEP UPFC project：installation, commissioning and operation of the /spl plusmn/160 MVA STATCOM（phase I）［J］. IEEE Transactions on Power Delivery, 1998, 13（04）：1530-1535.

［132］ 甄宏宁. 统一潮流控制器在南京电网的应用研究 ［D］. 北京：华北电力大学, 2017.

［133］ 高雯曼. UPFC 的优化配置及相关控制策略研究 ［D］. 北京：华北电力大学, 2019.

［134］ 杨林, 蔡晖, 汪惟源, 等. 500kV 统一潮流控制器在苏州南部电网的工程应用 ［J］. 中国电力, 2018, 51（02）：47-53.

［135］ 艾芊, 杨曦, 贺兴. 提高电网输电能力技术概述与展望 ［J］. 中国电机工程学报, 2013, 33（28）：34-40.

［136］ A Nabavi-Niaki, IRAVANI M R. Steady-state and dynamic model of_unified power flow controller（UPFC）for power system studies ［J］. IEEE Transactions on Power Systems, 1996, 11（04）：1937-1943.

［137］ MEHDI A, MILIMONFARED J, HEIDARY Y S S, et al. Power injection model of IDC-PFC for NR-based and technical constrained MT-HVDC grids power flow studies ［J］. Electric Power Systems Research, 2020, 182：106236.

［138］ RAJABI-GHAHNAVIEH A, FOTUHI-FIRUZABAD M, SHAHIDEHPOUR M, et al. UPFC for Enhancing Power System Reliability ［J］. IEEE Transactions on Power Delivery, 2010, 25（04）：2881-2890.

［139］ FUERTE-ESQUIVEL C R, ACHA E, AMBRIZ-PEREZ H. A Thyristor Controlled Series Compensator Model for the Power Flow Solution of Practical Power Networks ［J］. IEEE Transactions on Power Systems, 2000, 15（01）：58-64.

［140］ FUERTE-ESQUIVEL C R, ACHA E, AMBRIZ-PEREZ H. A Comprehensive Newton-Raphson UPFC Model for the Quadratic Power Flow Solution of Practical Power Networks ［J］. IEEE Transactions on Power Systems, 2000, 15（01）：102-109.

［141］SHAGUFTA K, BHOWMICK S. A comprehensive power-flow model of multi-terminal PWM based VSC-HVDC systems with DC voltage droop control ［J］. International Journal of Electrical Power & Energy Systems, 2018, 102: 71-83.

［142］HAGH M T, SHARIFIAN M B B, GALVANI S. Impact of SSSC and STATCOM on power system predictability ［J］. Electrical Power and Energy Systems, 2013, 2014 (56): 159-167.

［143］SADJAD G, HAGH M T, SHARIFIAN M B B. Unified power flow controller impact on power system predictability ［J］. IET Generation Transmission & Distribution, 2014, 8 (05): 819-827.

［144］SADJAD G, HAGH M T, SHARIFIAN M B B, et al. Multiobjective Predictability-Based Optimal Placement and Parameters Setting of UPFC in Wind Power Included Power Systems ［J］. IEEE Transactions on Industrial Informatics, 2019, 15 (02): 878-888.

［145］BARBARA B. Probabilistic load flow ［J］. IEEE Transactions on Power Apparatus and System, 1974, 3 (93): 752-759.

［146］刘宇, 高山, 杨胜春, 等. 电力系统概率潮流算法综述 ［J］. 电力系统自动化, 2014 (23): 127-135.

［147］苏晨博, 刘崇茹, 李至峪, 等. 基于贝叶斯理论的考虑多维风速之间相关性的概率潮流计算 ［J］. 电力系统自动化, 2021, 45 (03): 157-165.

［148］赵真, 袁旭峰, 徐玉韬, 等. 一种改进三点估计法的概率潮流计算方法 ［J］. 南方电网技术, 2020, 14 (11): 43-48.

［149］车玉龙, 吕晓琴, 王晓茹, 等. 含非正态分布概率潮流计算的改进型两点估计法 ［J］. 电力自动化设备, 2019, 39 (12): 128-133.

［150］祁万春, 杨林, 宋鹏程, 等. 南京西环网 UPFC 示范工程系统级控制策略研究 ［J］. 电网技术, 2016, 40 (01): 92-96.

［151］游广增, 杨健, 李玲芳, 等. UPFC 在提高地区电网风电送出能力中的应用 ［J］. 高压电器, 2019, 55 (10): 224-231.

［152］蔡萍, 田翠华, 康蒻冰, 等. 基于潮流灵敏度的 IST 安装位置选择 ［J］. 电测与仪表, 2020: 1-9.

［153］郑能, 丁晓群, 郑程拓, 等. 含高比例光伏的配电网有功—无功功率多目标协调优化 ［J］. 电力系统自动化, 2018, 42 (06): 33-39.

［154］OU Y, SINGH C. Calculation of risk and statistical indices associated with available transfer capability ［J］. IET Proceedings Generation Transmission and Distribution, 2003, 150 (02): 239-244.

［155］郑三保, 程时杰. UPFC 动态特性仿真研究 ［J］. 电力系统自动化, 2000, 24 (07): 26-29.

［156］HOJO M, FUJIMURA Y, OHNISHI T, et al. An Operating Mode of Voltage Source Inverter for Fault Current Limitation ［A］. IEEE, 2006: 598-602.

［157］MITSUHIRO T, SUGIHARA H. Effect of fault current limiting of UPFC for power flow control in loop transmission [A]//Proceedings of the IEEE Power Engineering Society Transmission and Distribution Conference [C]. Yokahama: Institute of Electrical and Electronics Engineers Inc., 2002: 2032-2036.

[158] MAMDOUH A A, NOR K M. Fault Analysis of Multiphase Distribution Systems Using Symmetrical Components [J]. IEEE Transactions on Power Delivery, 2010, 25 (04): 2931-2939.

[159] IZUDIN D, JABR R A, NEISIUS H T. Transformer Modeling for Three-Phase Distribution Network Analysis [J]. IEEE Transactions on Power Systems, 2015, 30 (05): 2604-2611.

[160] CASTRO L M, GUILLEN D, TRILLAUD F. On Short-Circuit Current Calculations Including Superconducting Fault Current Limiters (ScFCLs) [J]. IEEE Transactions on Power Delivery, 2018, 33 (05): 2513-2523.

[161] GE Y X, SONG B F, PEI Y, et al. Analytical Expressions of Isolation Indicators for Permanent-Magnet Synchronous Machines Under Stator Short-Circuit Faults [J]. IEEE Transactions on Energy Conversion, 2019, 34 (02): 984-992.

[162] LAUGHTON M A. Analysis of unbalanced polyphase networks by the method of phase co-ordinates. Part 2: Fault analysis [J]. Proceedings of the Institution of Electrical Engineers, 1969, 116 (05): 857.

[163] SVENDA G, NAHMAN J M. Transformer phase coordinate models extended for grounding system analysis [J]. IEEE Transactions on Power Delivery, 2002, 17 (04): 1023-1029.

[164] DALIBOR F G, BOŽIDAR F G, CAPUDER K. Modeling of three-phase autotransformer for short-circuit studies [J]. International Journal of Electrical Power & Energy Systems, 2014: 228-234.

[165] RODRIGUEZ O, MEDINA A. Efficient Methodology for the Transient and Periodic Steady-State Analysis of the Synchronous Machine Using a Phase Coordinates Model [J]. IEEE Transactions on Energy Conversion, 2004, 19 (02): 464-466.

[166] 罗隆福, 李勇, 许加柱, 等. 基于相分量法的新型换流变压器数学模型 [J]. 电工技术学报, 2007 (01): 34-40.

[167] 张杰, 罗隆福, 李勇, 等. 基于残量变换法的新型换流变压器短路故障计算 [J]. 电力自动化设备, 2008, 28 (12): 6-10.

[168] XIE L, CARVALHO P M S, FERREIRA L A F M, et al. Wind Integration in Power Systems: Operational Challenges and Possible Solutions [J]. Proceedings of the IEEE, 2011, 99 (01): 214-232.

[169] KABOURIS J, KANELLOS F D. Impacts of Large-Scale Wind Penetration on Designing and Operation of Electric Power Systems [J]. IEEE Transactions on Sustainable Energy, 2010, 1 (02): 107-114.

[170] BA A O, PENG T, LEFEBVRE S. Rotary power-flow controller for dynamic performance evaluation—Part II: RPFC application in a transmission corridor [J]. IEEE Transactions on Power Delivery, 2009, 24 (03): 1417-1425.

[171] COUTURE P, BROCHU J, SYBILLE G, et al. Power flow and stability control using an integrated HV bundle-controlled line-impedance modulator [J]. IEEE Transactions on Power Delivery, 2010, 25 (04): 2940-2949.

[172] WANG L, VO Q S. Power flow control and stability improvement of connecting an offshore wind farm to a one-machine infinite-bus system using a static synchronous series compensator [J]. IEEE Transactions on Sustainable Energy, 2012, 4 (02): 358-369.

[173] DIMITROVSKI A, LI Z, OZPINECI B. Magnetic amplifier-based power-flow controller [J]. IEEE Transactions on Power Delivery, 2015, 30 (04): 1708-1714.

[174] YUAN J, LIU L, FEI W, et al. Hybrid Electromagnetic Unified Power Flow Controller: A Novel Flexible and Effective Approach to Control Power Flow [J]. IEEE Transactions on Power Delivery, 2018, 33 (05): 2061-2069.

[175] HAN S, RONG N, XU K. Low-order characteristic power flow control device and method for inverting secondary winding of transformer: CN 105262079 A [P]. 2016-01-20.

[176] FENG J, HAN S, PAN Y, et al. Steady-state modelling of Extended Sen Transformer for unified iterative power flow solution [J]. Electric Power Systems Research, 2020, 187: 106492.

[177] KUMARI D, CHATTOPADHYAY S K, VERMA A. Improvement of Power Flow Capability By Using An Alternative Power Flow Controller [J]. IEEE Transactions on Power Delivery, 2020, 35 (05): 2353-2362.

[178] AMRR S M, ASGHAR M S J, ASHRAF I, et al. A Comprehensive Review of Power Flow Controllers in Interconnected Power System Networks [J]. IEEE Access, 2020, 8: 18036-18063.

[179] ANSI/IEEE Guide for the Application, Specification and Testing of Phase-Shifting Transformers [C]. Piscataway, NJ: Institute of Electrical and Electronics Engineers, 2001.

[180] COLLA L, IULIANI V, PALONE F, et al. Modeling and electromagnetic transients study of two 1800MVA phase shifting transformers in the Italian transmission network [C]//Proc. of International Conference on Power System Transients (IPST), Delft. 2011.

[181] KORAB R, OWCZAREK R. Application of phase shifting transformers in the tie-lines of interconnected power systems [J]. Przegląd Elektrotechniczny, 2015, 91 (08): 166-170.

[182] REDDY T, GULATI A, KHAN M I, et al. Application of Phase Shifting Transformer in Indian Power System [J]. International Journal of Computer and Electrical Engineering, 2012, 4 (02): 242.

[183] ASGHARI B, FARUQUE M O, DINAVAHI V. Detailed real-time transient model of the "Sen" transformer [J]. IEEE Transactions on Power Delivery, 2008, 23 (03): 1513-1521.

[184] LIU J, DINAVAHI V. Nonlinear Magnetic Equivalent Circuit-Based Real-Time Sen Transformer Electromagnetic Transient Model on FPGA for HIL Emulation [J]. IEEE Transactions on Power Delivery, 2016, 31 (06): 2483-2493.

［185］PAN Y, HAN S, FENG J, et al. An analytical electromagnetic model of "Sen" transformer with multi-winding coupling ［J］. International Journal of Electrical Power & Energy Systems, 2020, 120: 106033.

［186］MARTI J R, LIN J. Suppression of numerical oscillations in the EMTP power systems ［J］. IEEE Transactions on Power Systems, 1989, 4 (02): 739-747.

［187］魏文兵, 韩松. 风电参与电网黑启动的暂态电压稳定评估研究 ［J］. 电力电子技术, 2020, 54 (10): 129-132.

［188］周忠强, 韩松. 基于样本协方差矩阵最大特征值的低信噪比环境电网异常状态检测 ［J］. 电力系统保护与控制, 2019, 47 (08): 113-119.

［189］冯金铃, 韩松, 潘宇航. 适用于统一迭代潮流计算的扩展型 "Sen" 变压器模型 ［J］. 电力系统保护与控制, 2020, 48 (21): 41-48.

［190］陈庆超, 韩松, 毛钧毅. 采用多层次特征融合 SPP-net 的暂态稳定多任务预测 ［J］. 控制与决策, 2022, 37 (05): 1279-1288.

［191］卜亮, 韩松, 周超, 等. 基于 UMEC 的双芯 Sen 变压器电磁暂态模型 ［J］. 电网技术, 2021, 45 (08): 3283-3291.

［192］毛钧毅, 韩松, 李洪乾, 等. 采用 Spiked 协方差模型与 "相变" 现象的电网不平衡扰动评估 ［J］. 仪器仪表学报, 2020, 41 (12): 208-216.

［193］李洪乾, 韩松, 周忠强. 基于样本协方差矩阵特征特性的电网多重扰动定位方法 ［J］. 电工技术学报, 2021, 36 (03): 646-655.

［194］韩松, 姚敦厚. 基于风速变异系数的山地风电场模型风力机机械功率计算方法 ［J］. 电测与仪表, 2020, 57 (05): 86-93.

［195］王乃进, 韩松, 罗远国. 利用日最小负荷置信区间的光伏发电准入容量确定 ［J］. 电力系统及其自动化学报, 2020, 32 (02): 54-60.

［196］李洪乾, 韩松, 周忠强. 利用 Rayleigh 熵和并行计算的大规模电网异常负荷快速识别 ［J］. 电力系统保护与控制, 2019, 47 (23): 37-43.

［197］潘宇航, 韩松, 冯金铃. 考虑多绕组耦合的 Sen Transformer 电磁解析模型 ［J］. 高电压技术, 2020, 46 (06): 2131-2139.

［198］周超, 韩松, 卜亮, 等. 基于对偶原理的三相五柱式 Sen 变压器准稳态模型 ［J］. 电力自动化设备, 2022 (05): 198-203, 211.

［199］PAN Y, HAN S, ZHOU C, et al. On switching transient modeling and analysis of electronic on-load tap-changers based Sen transformer ［J］. International Journal of Electrical Power & Energy Systems, 2021, 130: 107024.

［200］MAO J Y, HAN S, LI H Q, et al. Unbalanced disturbance evaluation in power grid using spiked covariance model and phase transition phenomenon ［J］. Computers & Electrical Engineering, 2021, 90: 106969.

［201］PAN Y, HAN S, FENG J, et al. An analytical electromagnetic model of "Sen" transformer with multi-winding coupling ［J］. International Journal of Electrical Power & Energy Systems, 2020, 120: 106033.

［202］FENG J, HAN S, PAN Y, et al. Steady-state modelling of Extended Sen Transformer for unified iterative power flow solution ［J］. Electric Power Systems Research, 2020, 187: 106492.

［203］ZHOU C, HAN S, RONG N, et al. A Duality Based Quasi-Steady-State Model of Three-Phase Five-Limb Sen Transformer ［J］. IEEE Access, 2021, 9: 115217-115226.

［204］BU L, HAN S, FENG J. Short-Circuit Fault Analysis of the Sen Transformer Using Phase Coordinate Model ［J］. Energies, 2021, 14 (18): 5638.

［205］HUANG Q, HAN S, RONG N, et al. Stochastic Economic Dispatch of Hydro-Thermal-Wind-Photovoltaic Power System Considering Mixed Coal-Blending Combustion ［J］. IEEE Access, 2020, 8: 218542-218553.